吃 东 西

林乃炼 高梁 楼含松 等著

中国美术学院出版社

吃东西

很多事情说起来很偶然，也很奇妙。在西湖边的一次饭局上，一个土生土长在江南的媒体人与一个出生在江南，生活、工作在罗马的朋友相遇。

既然是朋友的聚会，一定是边吃东西边聊天，聊到了美食，聊到了做菜，于是，一次奇妙的东西方美食微旅行就这样开始了。

吃什么 / Contents

想起你时便会微笑

每次拍照的时候，大家都齐声喊道"茄子——"我一开始有点纳闷，后来才明白"茄子"发音时嘴唇呈微笑状，这样拍出的照片是微笑的表情。

据说它的"发明者"是一位美国摄影师，他经常给人拍照，但总觉得勉强装出的笑容很不自然，后来发现，让照相的人说"cheese（奶酪）"的时候拍出的照片很接近自然笑容，这种方法在美国就流传开了，传到中国入乡随俗就取谐音改喊"茄子"了！

不管是 cheese，还是茄子，人一想到吃的东西，心里总是会很开心，心里乐了微笑自然也就来了。这就是为什么在美国俚语里 cheese 不再仅仅代表奶酪，而变成微笑之意的原因了。

在各地，茄子有各种各样的形状，南方的茄子细细瘦瘦的，北方的茄子则是粗粗胖胖的。

杭州茄子是南方茄子中的精品之一，细细长长且带有美妙的曲线，外表紫中带白，给人一种"粉粉"的感觉。比如说上海人不爱吃圆茄子，只吃长茄子，特别喜欢"杭州茄子"的"嫩"和"糯"。

比如说清蒸茄子，上锅蒸熟，用手撕成细条、切成小块或者用筷子捣成泥，加上调料或者自己配制的蘸酱，味道也是极好的。如果喜欢重口味，可以做酱爆茄子、鱼香茄子、油焖茄子等，只要锅热火旺、酱浓油足，都能烧得糯甜香鲜。

如果大家吃了太多油腻的东西，想清清肠胃了，颇适合这一道养生菜——古法蒸茄子。茄子本身不具味道，属于比较难做的食材之一，但是这种古方做法可让茄子充分吸收肉丝之鲜味、香菇之香味、红枣之甜味，使其味道更鲜美独特，故有"借味"之称。

线茄

杭州茄子（线茄）像极了杭州姑娘，一样的苗苗条条，一样的清清爽爽，一样有着淡淡的笑容，表面上看起来很难伺候，了解之后其实很好相处，既能一个人自由快乐地生活，也善于与别的味道和谐相融。

古法蒸茄子

东

原料

主料：
茄子、瘦肉、香菇、
红枣、姜

腌料：
蚝油、白糖、鸡精、盐、
油、酱油

手法

瘦肉、香菇、红枣、姜丝入碗，加入油、蚝油、白糖、鸡精、盐、酱油和清水拌匀，做成古方酱料；

茄子切成5厘米长细条，沸水汆1分钟捞起沥干。深盘内铺一层茄子条，再舀入一层古方酱料，以此类推，将茄子条叠加成梯形；轻轻压紧，淋上1匙油，盖上一层保鲜膜。整盘放入煮开水的大锅，以大火隔水清蒸20分钟，出锅前别忘撒上葱花。

小贴士

★古法蒸茄子做法简单，营养成分流失少，口感清淡，适合于家庭日常烹调，同时还可以将茄子换成茶树菇等其他食材做成风味家常菜。

原产地为印度的茄子，被引入地中海沿岸国家之后，就立刻成了这些地区不可缺少的栽培蔬菜。

茄子花素雅矜持的淡紫、茄子果实那凝重沉着但又不失艳丽的深紫，使之立刻跻身于中世纪画家的调色板，被隆重地命名为"茄子色"，与出身高贵、渊源深厚的"庞贝红""海洋蓝"等色为伍，一时，教皇国王贵族之衣袍，尽显此色。

但茄子在地中海的真正成功，却是因为它成了美食世界中的重要食材。地中海的阳光雨露和温润的海风，提升、完美了茄子的所有品质，无论是希腊、西班牙还是意大利，许多名菜都以它为主要食材。

Brinjaul

11世纪，茄子（brinjaul）跟随奥斯曼的土耳其大军一路经巴尔干半岛传入了希腊和意大利，茄子的各个变种也在环地中海各地争奇斗艳：科尔多瓦的茄子是褐色的，塞维利亚的茄子是紫黑色的，还有埃及的白色茄子和叙利亚的紫色茄子，以及来自法国的白紫条纹相间的茄子。

意大利的南方名菜"巴尔玛干酪乳香烤茄子"，就是其中最具代表性的一例。

地中海沿岸栽培的茄子，皆个大体壮，色泽光洁闪亮，颜色紫得发乌，但皮质却出人意外地柔嫩，不小心用指甲一划，竟能轻易地弄伤表皮留下印痕，宛如损坏美人腮上的脂粉一样。

柔嫩的表皮下包裹的，亦是一颗甘醇软绵的果实，茄子瓤特有的海绵状，在紫色的表皮下被衬托得格外洁白厚实，清香隐约可辨。

但在优秀厨师们的眼中，茄子除了美貌和肥厚，最重要的在于，作为食材的可贵品质，它那丝毫不偏激的中庸性情，它的好脾气：

一是那淡雅而持久的香味，在尽情包容其他食材的味道时，并不会让调料轻易喧宾夺主，因此丢失自身的特性，而能做到相得益彰、山水不露，达到尽善尽美的境界。因为最终，品尝之后，人的感叹仍旧："啊，这茄子……"

二是它的质地可塑性强，肥美舒展、柔韧有余而不显干瘪僵硬，在厨中可舒可展，可炸可蒸，切成丁、捣成泥，皆从容不迫、落落大方。

"巴尔玛干酪乳香烤茄子"，可谓一道贯穿意大利南北方美食精神的菜，不仅体现了地中海饮食对食材的地域性、时令性的重视，也反映出了"食不厌精"的烹调审美观。

巴尔玛干酪乳香烤茄子

原料

主料：

紫皮长圆大茄子、巴尔玛36月成熟干酪末、那波利鲜酪马苏里拉（mozzarella）"奶之花"、新鲜樱桃西红柿去皮酱。

配料：

粗盐、玉米油或葵花籽油、大蒜瓣、橄榄油、罗勒鲜叶

手法

锅内置少许橄榄油、蒜瓣加热，煸出蒜香时下新鲜樱桃西红柿去皮酱及盐，文火烹制半小时，添置一把罗勒鲜叶，制成西红柿酱；

那波利鲜酪mozzarella（马苏里拉）切片，手撕为条块，若鲜酪奶汁丰沛，适当沥干；

茄子切成半厘米左右圆片，轻拿轻放，撒少许粗盐，半小时后冲净，用厨房纸轻压吸干水分；

玉米油或葵花籽油加热至七分，将圆片炸至两面金黄，捞出后用吸油纸吸油；

深烤盘底部均匀摊开制好的西红柿酱,炸好的茄子圆片排列好,其上均匀浇洒西红柿酱,然后添放鲜酪 mozzarella(马苏里拉),再遍撒一层巴尔玛干酪末,以此类推叠放 3—4 层,最上层巴尔玛干酪末的数量应相对慷慨;

烤箱预热至 180℃放入烤盘,烘烤 30 分钟左右时,茄片的水分被逐渐收干,表层会有一层金黄的奶酪脆皮,此时,宜以一木勺轻压烤盘边角处,使在脆皮掩盖下的汁水外溢,再次在烤箱温度下收干。再烘烤 10 分钟就大功告成啦!

只有入口之后,才能完全理解"巴尔玛干酪乳香烤茄子"这道菜的真谛:干酪在微脆状态下,是浓香满口的焦皮,融化了的鲜酪丝丝缕缕、使人欲罢不休,茄子片,夹在其中,软糯轻滑,意味深长,而西红柿酱的巧妙介入,使油腻之感荡然无存。再加上出炉后撒上用来点缀的几片碧绿罗勒鲜叶,都让人惊艳。

Buona appetito!

食客说

　　说到茄子，读过《红楼梦》的，很自然会想到著名的"茄鲞"，这是《红楼梦》中描写最为详尽的菜品，其配料的讲究与做法的复杂，让刘姥姥大呼小叫，也令读者叹为观止。学者们认为，这是作者借此以揭示贾府的奢靡。但按照小说的描写，这道菜简直是无法做出来的，甚至是热菜还是冷菜，都难以确认。不过，曹雪芹将"茄鲞"写得活色生香，则是因为他对"食不厌精"的传统烹饪文化有着深刻的领会。

　　其实，所谓的奇珍异馐，并不一定要龙肝凤髓熊掌猩唇之类，而是通过精心的创意、精选的佐料、精细的加工，将普通的食材做成出人意料的美食，吸引看官的眼球，捕获食客的味蕾。

　　这两道以茄子为主料的菜，其不同的风味，从中体现的文化特征，就是取决于与之配伍的作料与烹制手段。"古法蒸茄子"的"古法"，大概指两方面：一是酱料的调制，孔子"不得其酱，不食"，可见古人对作料之讲究；二是"蒸"，据说世界上最早发明用蒸汽烹饪的就是中国。蒸熟食品，是保留食物营养、滋味与形状的最佳方法，也体现了中国文化的自然之道。而"巴尔玛干酪乳香烤茄子"的诱人之处就是那极具地域色彩的干酪乳，以及焙烤的方法。茄子被乳酪拥抱，经过火的洗礼，其阳光般的色泽、香脆的口感就像意大利人热情的性格。

楼含松

用仪式感烹出一段美妙时光

在寒冷的夜晚，拖着一身的疲倦回到家中时，最希望看到的是家人温暖的笑容，当然还有餐桌上热腾腾的饭菜。在热腾腾的饭菜中，最吸引的人当数汤煲，一碗鲜美无比的汤汁带着温度缓缓下肚，一天的疲惫如冰雪一瞬之间为一股暖意所消融。从秋冬一直到初春的这段寒冷季节，众多的菜肴之中，我喜欢做也是最受欢迎的是汤煲。

记得有一次，我夫人的学生在西子湖畔一家饭店小聚，我也应邀参加。师生、同学聚会总是很开心，从中午一直吃到了下午三四点钟。即使到了聚餐结束的时候，大家还是觉得意犹未尽，于是乎我夫人与几个学生一合计，决定晚上到我家继续吃。

这次聚餐活动的联系人与这个饭店老板是老朋友，临走之前饭店老板送了一只饲养的山鸡。我拎着这只山鸡直奔菜场再买一些菜，我夫人则去了超市买一些熟食，两人分头行动为晚餐做准备工作。

一回到家，我先把山鸡下了高压锅做汤料，再买一批食用菌和各色丸子做食材，没有想到的是以山鸡为汤底的鸡汤菌菇煲成为了当天最受欢迎的一道菜，满满的两大砂锅吃了个底朝天。大家一边吃一边聊，一直吃到了午夜。在聚会的人群中还有三个我夫人的学生的孩子，都还上幼儿园，半夜临走时候他们开心地问爸爸妈妈："明天我们还来吗？"

后来再一次碰到我夫人的学生，他们跟我说那天晚上之后，家里人要求他们也要学做鸡汤菌菇煲，但是味道总是不如那天晚上的好。我跟他们说，做好汤煲还是有很多讲究的，我也是通过多年的实践慢慢摸索出经验来的。

美食记忆

在很多时候，代际传承的密码也是通过食物这一媒介进行传递的。在一个人深层次的意识中，食物的味道往往可以成为故土最具有代表性的记忆。

　　比如说汤底，我试过多种食材，包括老母鸡、童子鸡、乌骨鸡，当然还有山鸡，用过猪的肋排、杂排、肉骨头等，还用过牛肉；等等。总体上讲还是鸡做汤底最为鲜美，我自己平时用得最多的就是乌骨鸡。

　　天气比较寒冷的时候，一家三口吃饭，我都会做一个汤煲，再视人数加炒一两个菜。汤煲的最大好处就是可以长时间保持热度，既营养丰富，养生养颜，也简单方便，省时省力。

　　对于中国人而言，家庭的美好温暖总是与餐桌上的美味佳肴联系在一起的。晚餐是家庭聚会的重要时刻，父母子女、亲朋好友在品尝或简单可口、或丰盛美味菜肴的同时，增加情感的交流是餐桌上的主题。

　　食物的酸甜苦辣咸五味杂陈与人体的怒喜思忧恐五志七情有很多相通之处，杯盏交错之中足以了解人生百态，洞察世间万物，增进人与人之间的和谐。

　　"故人具鸡黍，邀我至田家"。

　　来，一起喝碗鸡汤吧。

（东）

鸡汤菌菇煲

手法

原料

主料：
鸡、火腿、鸡腿菇、杏鲍菇、蟹味菇、鲜蘑菇、叶菜、熟鹌鹑蛋

调料：
姜片、蚝油、黄酒、盐、糖、鸡精等

生鸡处理干净后切成小块，在开水里汆过再放入高压锅中，加入生姜片、火腿片以及一定量黄酒、蚝油，加入足量清水，大火烧8分钟，转中火炖煮约7分钟然后关火，用保温盒焖30分钟至1小时。

菌菇、叶菜洗净切片切段，炖好的鸡块以及汤料倒入砂锅中，加热至鸡肉酥烂，再加入切好的菌菇、鹌鹑蛋继续煮，同时调入适量盐、糖、鸡精，待砂锅中汤烧开，加入叶菜即可上桌。

　　开了几十年画廊的朋友，在三月一个春雨淋漓的清晨，突发奇想，决定做一家餐馆。只用了很少的时间，就把一家名为"湖畔"的五十座典雅餐厅，开到了教皇夏宫所在地——阿尔巴诺湖边。

　　开张的那天，阳光明媚，餐馆露台上一棵百年紫藤开得疯狂，串串粉紫色的花如同瀑布一样泻下来，把叶子完全遮住，成群的蝴蝶蜜蜂喝醉了似的，从一串花跟跟跄跄地飞奔向另一串。餐桌布选的是呼应紫藤花的淡紫色，而乳白色的餐盘，则和所有应邀者的衣服颜色一样——在请柬上，要求就餐者那日着白衣。

没有一丝涟漪的火山湖如同一块翡翠，在衣袂翩翩的就餐者脚下闪着光。不时有一朵蝴蝶形状的紫色花朵，在微风中悠悠地落下来，若落在白瓷盘中，是一种点缀，若落到台布上，是锦上添花，若落在姑娘的金发上，则是一道风景了。

但无论是点缀、锦上添花还是人人爱看的风景，都不是真正吃货的主打菜，他们在餐桌前的现实主义眼光远远胜过浪漫主义情怀。从香槟的品质、温度到餐前菜的种类和搭配，从第一道、第二道菜各三种的品尝，到甜点和消化酒的选择，满嘴的赞美、善意批评或揶揄，都丝毫没有被美酒佳肴挡住，因为那天的食客大都身兼二职：艺术家兼美食家或艺术评论家兼烹调爱好者。

酒阑宾散之前，主人用银匙轻轻地敲着盛着香槟的水晶樽，祈求大家的注意力。在举杯祝愿前程似锦之后，希望食客们留下点对餐馆的意见，无论是菜肴的烹调水准、食材的选择还是餐馆环境设计以及服务上的各种细节，都可畅所欲言。最奇葩的是，希望大家在传统菜名的边上写一个有新意的菜名。

Lago Albano

开了几十年画廊的朋友，在三月一个春雨淋漓的清晨，突发奇想，决定做一家餐馆。只用了很少的时间，就把一家名为"湖畔"的五十座典雅餐厅，开到了教皇夏宫所在地——阿尔巴诺湖边。

于是，艺术家和评论家们一瞬间都成了"舌头上不长毛"（对口无遮拦者的戏称）的美食评论家，在侍者送来的纸上埋头写了起来。那天，前画廊主人现餐馆老板的收获极大，据说次日他把自己关在屋中，花了几天时间，将食客们的意见和建议整理分类，并出炉了一本奇特的菜谱。

再次去"湖畔"时，紫藤花已全部凋谢，茂盛的绿叶中，挂满了细长的荚果，在风中摇曳的姿态，虽比不上花穗的婀娜，却也不乏充盈美感。

在桌前坐下，自然马上讨来耳闻已久的菜谱来看，其热切之情不亚于对一本畅销书的渴望。仅仅翻了一页，就赞叹不已，传统的菜肴在这些充满诗意、哲理的名字间，不仅有了前所未有的含义，而且还大幅度地启发人的遐想。

用面包屑裹住肉排，在热油中炸至金黄色，配上几瓣月牙形新鲜柠檬的"米兰炸肉排"，被命名为"撒哈拉之月"；用各类蔬菜、豆类熬成的芝士菜汤，起名为"春华秋实"；埋在雪白粗盐粒下的烤海鲈鱼，美其名曰"地中海浪花"；丁香苹果巧克力慕斯被叫成"亚当的向往"，但其中最令我心仪的，是"凤凰涅槃"，俗名"干邑炙鸡脯"。

不知道如何烹调"干邑炙鸡脯"的人，也许并不能真正完全领略到"凤凰涅槃"这个名字的妙处。

干邑炙鸡脯

原料
——

完整鸡胸脯肉、黄油或橄榄油、面粉、干邑、盐、胡椒粉

手法
——

整块鸡胸脯肉片切成 1.5 cm厚，拌入少许盐和胡椒粉，置冰箱内半小时；

将面粉放在平盘内，鸡脯两面均匀地沾上，手轻压，拎起来抖掉散粉；

取平底锅，下黄油或橄榄油，也可将两者混合，油至五成热后，放入鸡脯中火煎至两面微黄；倒入干邑，旺火，翻鸡脯两次，使酒在表层尽量均匀渗入，鸡脯颜色从淡黄色转至淡琥珀色；

最后点燃锅内鸡脯，使之冒出蓝色火焰，炙片刻待酒燃尽后，可装盘。佐以土豆泥或煮青豆。

这样烹调出来的鸡脯，外表会有一种温暖的琥珀色，一口下去，首先是干面粉在黄油和白兰地中煎炙的焦香、酒香异常突出，但火焰在上面直接燃烧，去掉了酒精的口感，却保留了白兰地特殊的醇香；内在的鸡脯肉质白净柔软，嫩滑多汁，毫无柴感，单纯洁净的鸡肉味和焦香酒香一起，形成口感上恰到好处的平衡。

如此，一块平凡乏味的鸡胸脯，经过陈年烈酒的沐浴，炽热烈焰的洗礼，完成了它的华丽转身，完美了它的升腾。

食客说

原以为汤是酒席中最不重要的点缀，直到读过陆文夫的《美食家》才被彻底洗脑。美食家言，一桌酒席，开头的菜都要偏咸，因为开始吃嘴淡。以后的菜要逐步淡下去，最后的热汤虽然没有盐，汤却因"无盐胜有盐"，成了食客们公认的天下第一美味佳肴。

"汤"到底是什么？《说文解字》里，"汤"是热水。"水"作边旁，"昜"是声旁。原来，"热"才是汤的关键。

从鸡汤菌菇煲大受欢迎的程度来看，它的确有"天下第一汤"的潜质。母鸡、童子鸡、乌骨鸡、山鸡，加上排骨和菌菇，食材格外讲究。但认真琢磨就能发现，食客们之所以对这锅汤铭心刻骨，"热"最最关键：火的热情，水的沸腾，食材的鲜活，作料的滋养，时间的打磨，厨师暖暖的诚意……这些"热"的内核，缺一不可。在寒冷的天气，亲人朋友一起聚餐，一锅有温度的热汤足以驱散寒冷，身是暖的，心也是暖的。

所以说，真正的"天下第一汤"是由厨师和食客共同完成的。它是厨师用热情和诚意煲出的最后一道菜肴，需要食客们用朴素和真挚去细细品尝。

怎样才能让一只鸡"涅槃"？一位跨界精英用他的奇思妙想做了有益的尝试。

从画廊掌门摇身变成厨房掌勺，这其中的变化绝对超出人们的想象。也许是画框里的鸡唤醒了画廊掌门心底的渴望，让他不再甘于守着安静的画廊寂寞至死，而是愿意聆听厨房里锅碗瓢盆的欢乐交响。

大俗大雅本来就在一念之间。他用艺术的思维对待一只平凡乏味的鸡：煺去鸡毛，裹上白兰地、黄油、胡椒粉和面粉的外衣，热油是介质，炽热的火焰才是它脱胎换骨的关键……渐渐地，象牙白的鸡脯肉，有了温暖的琥珀色，柔嫩依旧，却又加入了焦香和酒香的诱惑。如此，从画廊掌门到厨房掌勺的跨界，不但让一只鸡涅槃重生，也让自己的心灵走上了重生之路。

跨界，可以发挥最大的优势。是整合，是融合。跨界——无界。

高蕾

走遍万水千山
总有一面之缘

（东）**妈妈的想念，丝丝缕缕**

（西）**要面面俱到，有时也挺容易**

在一个人的心底里永远都不会忘记的只有两件事：一是故乡的山水，二是妈妈做的饭菜。在我的记忆里，小的时候父母一直长期在全国各地奔波，就是为了让我们生活得更好一些，于是挣来的钱以及衣物不停地寄回来、带回来，同时本地土特产也不断地寄往或者带往父母所在地方，于是家乡的食物就成了远在他乡的人们舌尖上的乡愁。

这些来往的乡味之中，最让我难以忘怀的是粉干。我小时候体弱多病，经常感冒，且胃口不好，茶饭不思，妈妈就会烧一大碗的清汤粉干给我吃。滚烫的粉干和汤汁落肚，吃出一身汗，往往病也好了一大半。

粉干有一千多年的历史，早在北宋初年，温州的粉干家坊制作就有盛名。粉干制作方法是把米用水磨磨成水粉，然后把它烧至半熟后用石臼捣蒸，再用水碓反复捣，直到捣透，粘韧的粉团压出后细如纱线，在竹编上晾晒到干。温州粉干之所以别具特色，是因为它虽细如线，无论是烧汤还是翻炒，都不容易断，也不容易粘，且有一种大米的天然香味。

如今在杭多年，寻味街头巷尾，沿街排档、餐馆酒店，都可以看到粉干的身影，但味道还是自家的好，每到逢年过节、朋友造访，家里都会端出这碗"压桌"美食。

在很多时候，食物已经不仅仅只是一个"吃"的问题，通过食物这个载体把文化习俗的传承工作也一并完成了。

味蕾情感

从孩子出生到长大成人，母子之间的情感传递通过食物的传递而完成，这种味觉的传递除了生物学的意义之外，还传递着一种对自然和生命的理解，也留住了长大后的个体与一个家庭、一个乡村或者城市那种割舍不断的情感牵绊。

原料

五花肉、花菜（青菜也可以）、香菇、鸡蛋、胡萝卜、虾干（鲜虾仁、小牡蛎或者蛏子也可以）

温州炒粉干

手法

五花肉切成薄片，花菜切小块，胡萝卜切丝，香菇发泡后切丝，虾干发泡后切成粒；粉干用开水烫一下，捞出沥干；鸡蛋入油锅翻炒一下，八分熟的时候用筷子划成细条；

锅烧热下油，下五花肉、花菜、香菇丝、胡萝卜丝、虾干爆炒。如果是小牡蛎或者蛏子比较容易熟，要稍迟一些下锅；

配料炒到七分熟时，下粉干炒。粉干下锅翻炒的速度要快，同时要让粉干散开去一些，这样既可均匀受热又能使粉干更加入味。粉干和配料炒到九分熟的时候，下适量的盐、鸡精、白糖，加一点生抽，再不停地翻炒，使粉干颜色变得有些焦黄。

最后加入炒好的鸡蛋以及葱花，装盘即可。

　　大众食客中，对意大利面的做法有个误区：许多人认为，绝大部分意大利面的拌料，都是由西红柿酱充当主角的。因为既然意大利面一般是不带汤的"干面"，在人们的意识中，自然需要一种能够起到"拌"作用的东西，来为本身没有什么特别味道的面出味，这就是所谓的"意面酱"，它的主要组成部分是西红柿酱。

　　其实，众所周知，西红柿是在 16 世纪才从南美洲传入欧洲，在此之前，意面拌酱自然不可能被使用。

Pasta

意大利面条有很多种类，花样繁多，长短有差，其中空心的种类被习惯称为通心粉。

关于意大利面的起源，有说是源自古罗马，也有说是由马可波罗从中国带出，经由西西里岛传至整个欧洲。

许多中国人认为意面都是直身粉，其实还有螺丝型的、弯管型的、蝴蝶型的、空心型的、贝壳型的等，林林总总数百种。

意面从产生开始，就是解决温饱的家常饭，所以有"靠山吃山，靠海吃海"的说法。

山区和平原地域，最常用的拌面酱食材有：各种鲜肉、野味、腌熏肉、奶酪、菌菇以及时令蔬菜和野菜；而在地中海沿岸，除了丰富的鱼类和各种海鲜，蔬菜和豆类也是拌面酱中的重要组成部分。还有一类拌料很丰富多样的面，被极浪漫地称为"海山面"（Mare e Monte），海边的丘陵地区能够吃到，在多味海鲜中，往往掺入几种菌菇，突出"山珍"与"海味"和谐组合而生出的特殊鲜味。

意大利中部，每个餐馆的保留面，却并非以上提到的美味，而是一款食材简单但烹调难度很大的面：羊干酪黑胡椒面，它的口感往往是挑剔的美食家点评餐馆烹调水平时最关键的衡量标准。

羊干酪黑胡椒面，俗称"煤炭面"，因为在不加西红柿酱的白酱面条中，胡椒的黑色粗末特别醒目，故得此称号。但也有传说讲述，山区的烧炭人习惯从家里带这道食材——简单但热量很高的面食，在吃的时候，不免会有炭灰落入其中，故名。

羊干酪黑胡椒面

原料

主料:
鸡蛋4个、羊干酪末6勺、腌猪腮肉120克、橄榄油4勺、硬麦细面条400克

调料:
盐、黑胡椒

手法

将腌猪腮肉切小丁,锅内放橄榄油,油至六成热,下腌肉丁,煎炸至肥肉部分呈透明状、瘦肉部分略焦脆时熄火,待用;

取一大容器,尺寸以允许所有的食材在其中被从容地搅拌为佳。放入现碾的黑胡椒粗末、羊干酪末和鸡蛋;完全打碎鸡蛋后,再用力打,直至蛋液呈有稠性的稀糊状;

取一容量较大的锅,放水,待水开之后放入少量粗盐,再下面条,煮到面条心还略硬时,熄火;

快速将面条沥干并倒入盛有蛋液的容器中,同时放入煎炸好的腌猪腮肉丁与油汁,用长叉和长勺一起均匀搅拌。在热面条内浇入蛋液之后,万不可再放到火上,否则会立即出现"炒蛋"现象,失去由羊干酪、腌肉油脂与热面汤混合而成的奶油状"拌酱"的同时,也完全失去了羊干酪黑胡椒面的美味和魅力;

迅速装盘,饰以少量的黑胡椒末和羊干酪粉。

腌猪腮肉(九个月以上的成年猪),指的是从猪脖子到猪腮那一部分的肥瘦相间的肉,将其用粗盐、黑胡椒、大蒜、鼠尾草、迭迭香腌制,风干至少三个月。在风干过程中,腌肉的外部形成较坚硬的由黑胡椒和盐合成的深色外壳,而内部的肥肉部分,则有似凝脂般象牙白色,从中微微透出几分胭脂红色,宛如少女腮红,若干条深红色的瘦肉嵌在其中,被衬得艳如桃花。一刀切下去,柔糯如脂,酱香浓郁。

羊干酪,是具有两千多年历史的一种奶酪,用的是全脂山羊奶,生产原理与古时一样,在盐水中使羊乳凝结后,用磨具做成扁圆柱体形状,置于阴干处的木头架子上,成熟五至八个月。一般来说,用来烹调用的羊干酪口味较重,带十分刺激味蕾的微微辛辣味,在此与腌肉旗鼓相当,相辅相成,用浓浓的乳香味使酱香味变得饱满、温柔、细腻。

食客说

对于美食，最好的体验，当然是大快朵颐，一饱口福。最大的敬意，则是寻其材料，窥其窍奥，亲手烹饪。而最难得的，则是用文字忠实生动地呈现其色香味形，以及所蕴含的人文故事。

两文的作者，这三样都做到了，堪称"三全"美食家。现在我面对两篇活色生香的美文，难免齿颊生津，食指大动，却只用手指来敲击键盘，真是一件残忍的差事！

我虽不是温州人，但在杭州也经常能吃到温州炒粉干，而意大利羊干酪黑胡椒面，则是首次听闻，那羊干酪富于刺激的味道令人浮想，但腌猪腮肉则是我熟悉和喜爱的佳肴，读到此处大吃一惊，想不到意大利人也好这一口！可见，即使相隔千山万水，人们对美食的追求还是会有不期而然的相通。

东海之滨的炒粉干，地中海之滨的羊干酪黑胡椒面，在杭州相遇，说不定爱创新的杭州美食达人，会整出一碗羊干酪黑胡椒粉干、一盘海鲜炒意面，请您品尝！

楼含松

牛不牛
看活法

（东）

　　记得有一次校阅杭州师范大学林正秋教授一篇关于南宋宫廷菜的稿件，发现南宋宫廷菜单里有一道菜的名字叫"胘"，当时觉得挺好奇的，这到底是什么？后来查了字典才知道，"胘"原来是牛的重瓣胃，再说得简单一点就是牛百叶。

在我的印象里，像牛百叶一类的东西属于下里巴人，只有在大排档或者小吃摊才吃得到的东西，没有想到 800 年前的南宋皇帝老儿也吃这个东西，牛杂在我的心目中一下子变得高大上了。

据《太平御览》记载：女娲在造人之前，于正月初一创造出鸡，初二创造狗，初三创造猪，初四创造羊，初五创造牛，初六创造马，一直到了初七这一天才造了人。

在我最初的味蕾记忆之中，关于牛肉的记忆非常深刻，那时牛肉对于我们来说还是珍贵食材，相比牛肉其实我最喜欢的还是牛杂，特别是酸辣牛杂汤、凉拌牛杂，那种酸中带辣、辣中带酸的特别味道一进入口中，暖意四溢，满口生香。

牛的生产力

在远古的农耕时代，牛是人类最重要的劳动工具和伙伴，如同工业时代的机器、信息时代的电脑一样，时刻陪伴着人们的生产和生活。

后来我也试做过牛排，用平底锅油煎，用微波炉烤，每次均告失败。在此之后我还试了诸如牛肉丝炒生姜、韭黄炒牛肉、咖喱牛腩土豆等都获得了成功。但是每次回想起来，还是牛肉炖萝卜那淡淡的古早味一直盘桓在心中，久久不能忘却。

牛

牛肉炖萝卜是一道家常菜，各个季节、各类人群都适合。在冬季，气候寒冷，喝上一口热乎乎的清汤，可让人胃口大开。当过多油腻的食物影响了家人的食欲的时候，端出这样一碗菜汤，既可暖胃去寒消腻，又可保证营养均衡。

牛肉炖萝卜

原料

主料：
牛肉（750 克）、萝卜（750 克）

配料：
茴香、桂皮、姜片、蒜片、香菜、蚝油、白糖、鸡精、盐、油

手法

将牛肉、萝卜分别洗净，切成 2 厘米见方的小块；牛肉块放入沸水中略焯，捞出沥干水分；

将锅加油烧热，放入姜片、蒜片、茴香、桂皮炸香，加入牛肉块、料酒，炒至变色，这样肉质更紧也更香；

小贴士

————

★牛肉块要在锅里先炒一下，这样肉质更紧也更香。

把炒过的牛肉块放进高压锅内，加开水，烧开后撇去浮沫；

将锅烧热烧干，放入萝卜块翻炒至略呈黄，再放入已经装好牛肉块的高压锅。煮牛肉的时候加蒜，会有一种特别的香味，可以提升菜品的味道；

高压锅用高火烧十分钟，再转中火烧十分钟。待高压锅冷却后打开，加入盐、鸡精、白糖，出锅盛入汤碗，撒上香菜即成。

几年前的一个周末，突然接到杨杭生从佛罗伦萨打来的电话。杨家在院子的楼里住到我上小学四年级，遂举家北迁，回父亲故里。自此，杨杭生也如远去黄鹤，少有音讯，后因京中的一些杂事，才又与他联系。

二十几年未见，杭生清朗的北京口音宛如儿时，几句寒暄后，说出了佛罗伦萨一行的主要目的：特地来尝佛罗伦萨牛排。如若他人，我定会觉得荒唐，但于杨杭生，却不。当年在京，周末晚的南北大聚餐，他是积极的组织者，我正值初试"洗手作羹汤"之时，被众人求做一道江南名菜，但当我提出要几尾活鲫鱼时，所有的北方哥儿们都在肚里骂我矫情。杨杭生顶着十一月底的凛冽小北风，骑着单车直出三环，几小时后带回来肥美的活鲫鱼。于是，"乳白鲫鱼瘦肉浓汤"，就成了那个岁月中最美好的记忆之一。

在佛罗伦萨城内辗转近一小时，从一个酒吧移向另一个，我想在短时间内，让远道而来的人尝尽托斯卡纳的美味小吃，但杨杭生，却始终端着美食家略显挑剔的矜持架子。幸亏知根知底，明白他这是给佛罗伦萨牛排留着肚子呢！

佛罗伦萨牛排这道菜，应该与这座城市同时诞生，一系列细节已消失在岁月烟云中，人们记忆里最深刻的那部分，是和统治了四百多年佛罗伦萨的美第奇家族联系在一起的。

自公元 14 世纪至 18 世纪，欧洲最显赫的王族美第奇，逢每年 8 月 10 日的"圣罗伦斯节"，都会在城市的主要广场上烤炙大量牛肉，除供奉城市的保护神圣罗伦斯之外，更重要的是借机以飨民众。

说起牛排，必定要从牛说起。奇亚那白牛（Chianina），原籍土耳其，但在意大利托斯卡纳地区已有两千年的饲养历史。美丽的托斯卡纳，温和的气候和丰饶的水草，孕育了奇亚那秀丽的外形和温驯的气质，在很长一段历史时期，除了做耕牛之外，还是作为祭奠品的"圣牛"。

佛罗伦萨牛排，被意大利以外的很多人称为 T 骨牛排，取自刚成年奇亚那牛的腰椎中部，T 形骨头嵌在其中，一端为牛里脊肉，另一端为牛腩。牛排的重量规定在 1~1.5 千克，厚度为 5~6 厘米。

Medici Family

美第奇家族是意大利佛罗伦萨的名门望族，在 13 世纪至 17 世纪的欧洲拥有强大势力。

美第奇家族在文艺复兴中起到了非常关键的作用，如果没有美第奇家族，意大利文艺复兴肯定不是今天我们所看到的面貌。

闲谈间，放在木头托盘上的佛罗伦萨肉排端来了，带有火炭焦香的浓浓肉味，顿时遮住了周围的所有气息。从杨杭生对此的专注眼神中，我明白，我及牛排之外的一切，都已成了点缀。

　　"晕肉"的我，盯着不温不火吃着牛排的杨杭生，终等不到他吃完，就和盘托出佛罗伦萨牛排的秘密。他默默地听着，继续吃肉的神态全无"吃得口滑"或"肉醉"之感，而是有章有法，从容镇定。那刻，我对"吃"与"品"的含义，又有了新的理解。

　　待盘中只剩下剔得干干净净的 T 形骨头时，杨杭生才心满意足地叹了一口气，看着壁炉中正在烤炙中的牛排，半晌，道："这牛排，极简极精、大俗大雅，厨子和吃客，非炉火纯青者，不能驾驭。"

　　而此时，我的兴趣已移到窗外那极简极精、大俗大雅的佛罗伦萨去了。

佛罗伦萨牛排

原料
———

主料：
T 骨牛排 1~1.5kg

配料：
现碾黑胡椒、粗盐、
石磨初榨橄榄油

西

手法
———

肉排先需冷藏两周左右，以便解僵软化使之成熟。烤炙前牛排应有的温度为常温，牛肉的油脂部分不宜过冷。

最理想的烤炙方式是使用烤网，待无火焰的白热化木炭，表层刚出现轻薄白灰的那一刻，将牛排轻轻放置在事先搁好的烤网上。首选的木炭应为橡木炭、圣栎木炭或橄榄木炭。一开始，烤网离炭火的距离应该较近，以便于加快肉排表面脆硬层的形成，阻止肉汁外溢使肉质过于干老。1分钟之后，将烤网稍稍抬高，使牛排所受热量相对减弱；牛排每面的烤炙时间为3~5分钟，烤炙的整个过程，只能翻一次。最后，将牛排竖起，以骨头为支撑，每端烤炙5~7分钟。烤炙好的牛排夹到木质托盘上，

现碾的黑胡椒用量可较慷慨，几撮粗盐，石磨初榨橄榄油。

衡量烤炙完美的佛罗伦萨牛排的视觉标准是，肉排的表层应为烤肉的熟红色和油脂烤焦的深褐色相间；当切开肉排时，呈现的是三种不同调子的红色：最外层的深红色、中层的粉红色和中心部分的柔嫩肉红色。

入口之后的感觉，能触动肉类爱好者灵魂深处最具美感的那根弦，透过烤得略焦的香脆表层，感到香浓的油脂在四处游走、流动，如同甘露滋润着久旱土地般的口舌，充满汁水的柔软肉质，在嘴里不嚼即化，刺激着更旺盛充沛唾液的分泌。它的鲜美带有托斯卡纳透明空气的纯净，老橡树铺满一地落叶的温暖，和春天里橄榄树新叶的爽朗。

食客说

作为欧洲文艺复兴发源地的佛罗伦萨，有着丰富的艺术遗产，徜徉其间，随处可见大师们留下的建筑、雕塑、绘画作品，眼前恍惚浮现的是米开朗基罗、波提切利、但丁的背影。佛罗伦萨所在的托斯卡纳地区，又是全球著名的葡萄酒产区。夜幕降临，找一家店面不大的餐馆坐下，烛光摇曳中，点一杯红勤酒。这时候，面前还需要有一份佛罗伦萨 T 骨牛排，炭火的木香、烤肉的焦香、红酒的果香缭绕鼻翼周围，时间仿佛凝固在四百年前⋯⋯

美食，就是这样，想真正体会其滋味，需要有在地感。特定的食材、独到的手法烹制的美食，还应该有特定的就餐环境与氛围。

相比之下，中国人餐桌上常有的牛肉炖萝卜，因其家常，就不需要那么多的讲究了。不过，这一款牛肉炖萝卜，还是有其讲究之处，比快捷的炖法增加了一个煸炒的环节，奥妙亦在其中。烹饪之道，水火之功。蒸、炖、煮，炒、炸、烤，分而治之，各有其用。合而攻之，能得奇效。通过煸炒的牛肉和萝卜，既达到了塑形的作用，也对其滋味的激发有益。

美食，就是这样，想要获得超越日常的体验，需要有超越日常的耐心与创意。

楼含松

用一片菜叶
包裹美好

东

　　记得读初中的时候有一次看《参考消息》，里面有一篇文章是外国记者专门写北京人在冬天是如何在家中大量储藏与食用大白菜的，当时心里还觉得挺奇怪的——北京人为什么不吃点别的东西？后来才知道，大白菜耐储存，所以中国的老百姓——特别是北方——对白菜有特殊的感情。

在经济困难的时期，大白菜是老百姓整个冬季唯一可吃的蔬菜，一户人家往往需要储存数百斤白菜以应付过冬，因此白菜在中国演变出了炖、炒、腌、拌等各种烧法。

白菜原产于中国，历史悠久，品种丰富，是中国人餐桌上最为常见的蔬菜。白菜可分为大白菜和小白菜。大白菜个体壮实，叶片白嫩如玉脂，滋味甜美香脆，与竹笋、榨菜和大豆并称为世界第一的四种中国蔬菜之一。小白菜在苏浙沪一带被称为青菜、小青菜、鸡毛菜，叶大柄厚、质地鲜脆，颜色深绿，口感略带苦涩。

大白菜一直是我最喜爱的蔬菜，清淡而有一种天生的甜度，清香而有一种天成的原味，清爽而有一种天然的鲜脆，即使加酸加辣也不失本真，即使与味道浓烈的食材或者调味品掺杂在一起，依然品得出白菜那种特有的味道，这就是我一直喜欢它的原因，喜欢它那种最真最纯的清甜之美。

白菜

如果问中国老百姓哪一种蔬菜吃得最多，不管在北方还是南方，大家的回答基本上会是一致的——那一定就是白菜。

　　在杭州一带，大家吃得最多的大白菜是胶菜，已有一千多年栽种历史，原产山东胶州，具有纤维细软、叶帮薄、易炒熟、生食清爽可口、熟食味甘肥美的特点，远在唐代就享有盛誉，传入日本、朝鲜，被称为"唐菜"。

　　近年来有一种从日韩引进的白菜新品种——娃娃菜，深受人们的喜爱。娃娃菜个头只相当于大白菜的五分之一，帮薄甜嫩，味道鲜美，口感姣好，适应人们追求精致生活的要求。

东

微波娃娃菜

原料

主料：
娃娃菜、虾干、大蒜

调料：
油、白糖、鸡精、盐、
葱或香菜

手法

　　娃娃菜叶片剥开洗净；虾干用热水浸泡15分钟，去头去壳，洗净切成颗粒；大蒜敲扁，去皮洗净，切成薄片。

　　娃娃菜叶沿叶脉当中切一刀，剖成两片，然后一层一层铺进盘里。将切好的虾粒、蒜片均匀撒在娃娃菜上，加入适量糖、鸡精和盐，淋1汤匙油。

　　在盘底加入少许清水，合上盖子，放入微波炉高火加热10分钟，开盖撒上葱花或者香菜，即可上桌。

初到欧洲，念过一个德国作者写给大人看的童话，说的是一个灰姑娘南瓜车水晶鞋之类的故事，情节是很漫不经心的那种坦然处理，也许觉得老故事再生新意太劳神，但是在描述舞会及盛宴的氛围和细节上，却下了大功夫，笔锋给力，词语华丽，将用金丝银线、透明水晶、绫罗绸缎和彩色羽毛构成的世界写得奢华香艳，令人眼花缭乱。作者每个句子至少堆砌三个形容词的大胆写法，我佩服至极，情不自禁地连着读了好几遍，合上书后觉得很爽，便尝试着想象盛宴场景的具体细节，结果却令我惊讶不已。

精美的器皿、银质的餐具和奢侈的餐巾都大有人间天堂之韵味，但盛宴的主要内容——菜肴，相比之下却很单薄甚至寒酸，细细数来，除了几款野味，几种香肠和猪肉，余下的场面全是由土豆及酸白菜撑起来的。

这也难怪，在欧洲很多国家，无论是什么档次的餐馆，酸白菜都是不离不弃的保留菜肴。德国传统饮食最典型的组合之一，就是肉肠、土豆和酸白菜的三重唱。

围绕着欧洲酸白菜，目前还是众说纷纭，大部分学者认为，这种人类文明史上最早的"腌制储藏"蔬菜，是中国人的发明创造，在中世纪初期由蒙古人带到欧洲大陆。但是，坚持古罗马时期就开始腌制酸白菜的也不乏其人，古罗马军团远征时的供给，除了葡萄酒，有三种不可缺少的食物：谷类、豆类和酸白菜——碳水化合物、蛋白质和维生素，完整科学的饮食结构。

总之，围绕着酸白菜，历史的场景竟会是多样化的：中国人吃着酸白菜造长城、古希腊人吃着酸白菜筑城邦、古罗马人吃着酸白菜远征扩张、哥伦布吃着酸白菜在大航海时期防治坏血病，奥匈帝国的士兵们也是吃着酸白菜，在一战中打着不属于他们的仗……

Sauerkraut

德国大人的童话里描写的盛宴，除了几款野味、几种香肠和猪肉，余下的场面，全是由土豆和酸白菜撑起来。

如今，欧洲中部、北部和东部的许多国家，如德国、奥地利、瑞士、波兰、匈牙利等，酸白菜都是人们最日常的蔬菜之一。

很长一段历史时期内，在普及蔬菜温室栽培之前，欧洲大陆上，酸白菜是大部分人在漫长冬日里能吃到的唯一蔬菜。秋季，人们按照传统做法，用盐腌制圆白菜，再置入瓦罐或木桶内储藏。在这种自然的腌制过程中，圆白菜不但改变了口感和味道，更重要的是，发酵的白菜中的乳酸菌，能促进消化、清洁肠道，而钙、铜、磷、铁等丰富的无机物，能促进维生素 C 和维生素 B 的吸收。

这样，酸白菜成了欧洲大陆气候国家饮食结构中重要的元素之一，这里，名菜常常少不了酸白菜陪衬，如烤猪肘、烤猪手、烩鸭胸脯、肉肠等口味浓郁油腻的菜品，酸白菜都是必不可少的调剂。

啤酒熬酸白菜苹果片

原料
———

酸白菜、苹果、洋葱、啤酒、柠檬汁、胡椒末、丁香、小茴香籽

手法
———

苹果削皮去核，切成薄片，放入掺水的柠檬汁中浸泡；洋葱去皮切丝；置三分之一的酸白菜于平底锅中，铺上三分之一的苹果薄片，加入洋葱丝、丁香和小茴香籽调味；以同样方式置第二层和第三层，最后倒入少量啤酒，撒现碾的黑胡椒末；加盖文火煮至收汁，开盖，待七分热时即可装盘。

这道菜酸甜可口，白菜发酵后略显酸涩的本色，和苹果的甜香结合之后，得到了相对平衡；同时，苹果的甜味仍为辅料而并未喧宾夺主，啤酒的加入，醇化柔和了本来略显单薄尖刻的酸白菜口感，几味芳香调料，于味蕾，无疑是一粒粒意料外的惊喜之珠，给这道菜增添了无限情趣和妩媚的灵动感。

食客说

"看人浇白菜，分水及黄花。"

"接天莲叶无穷碧，映日荷花别样红。"

这两句诗，上一句通俗直白，有餐桌上最平凡的白菜；下一句精美雅致，写凌波仙子荷花。没错，它们的作者是同一人，就是那个写"毕竟西湖六月中"的大诗人杨万里。

白菜是我国蔬菜中的原住民，已经与人类相伴了七千年，而且，它还有一个看上去很古朴的名字"菘"。白菜有"兼容并包"的特性，但又不会因各种调理而失去本真，经历了炖、炒、腌、酸、辣、咸，也还是能顽强地透露出清甜之感。所以，就算是它改头换面变成了酸菜，无论是在奢华的餐桌上，还是在清贫的粗瓷盘里，都表现出荣辱不惊的样子：能与土豆、苹果片厮混，也能与香肠、杜松子唱和。

娃娃菜属于白菜的后裔。这个在近邻日韩留洋过的"海归"身上有极为鲜明的时尚元素，外表呆萌，甜美可爱，但白菜强大的 DNA 却没有变。当它与虾干"相熟"时，也会像它的祖先白菜一样成为食客们的最爱。

而且，白菜也是个"上得了厅堂，下得了厨房"的角色。去过台北故宫博物院的人一定会对那棵平凡无奇的翠玉白菜印象颇深，众目睽睽之下，它"淡淡妆，天然样"，却又霸气侧露，震撼全场。可是，为什么高贵的翡翠宁愿去"模仿"一棵平凡、朴素的白菜呢？这可真是玄妙啊！

世界上有些东西就是这样，外表平凡，但你却不能忽视它——比如白菜。

高蕾

吃肉就要
坦荡荡

> 东 红与白，哪一个更能俘虏你的心
>
> 西 你吃你的豆，我吃我的肉

羊与中国人的生活关系密切，羊和羊字在汉文化中具有举足轻重的地位，因为性格善良温驯，因此也成为中国的吉祥物。汉字中有很多以"羊"为偏旁，均有"和顺、美好"之意，如美、善、義（义）、祥、洋、养、群等。

中国国土面积广大，物产丰富，东南西北的生活习惯、文化习俗差异极大，食物及其做法各有千秋。在众多的食物中，哪一个做法更正宗，哪一个做得更好吃，历来争议很大，各执一词。但是有一种食物，大家的意见却出奇地统一，大江南北没有人不喜欢的，而且各地做法也大致相近，那就是羊肉。

羊肉的江湖有红白两道，在杭州，羊肉当以余杭为代表，红道是临平的红烧羊肉，而白道指的是老余杭的白切羊肉。

临平的红烧羊肉距今已有800多年历史，选用"花窠羊"（青年湖羊）肉作为主料，以天然植物为调料，色泽深红、糯而不散、浓香悦目。余杭是全国湖羊主产区之一，而湖羊是国内独有，仅产于杭嘉湖地区的白色羔皮羊种，肉嫩脂少，皮细多汁。传统中医认为羊肉有益气补虚、温中暖下、开胃健身之功效，所以余杭民间也流传着"一冬羊肉，赛过几斤人参"的说法。

说到老余杭的白切羊肉，也是木佬佬地好吃。白切羊肉也叫作冷板羊肉，制作工艺远比红烧羊肉复杂，以子羊（一年长的雄羊）为最佳。其味道鲜美爽口，不膻不腻。作为冷食，四季皆宜，只需吃时蘸点酱油或椒盐，鲜嫩异常，别有风味。

汉字里的"羊"

前一段时间，电视剧《芈月传》热播，"芈"这个冷僻字一下子为人们所熟悉。"芈"字的本义是羊叫声，它有两个读音——【miē】【mǐ】，当芈字作为羊叫声读作 miē，而作为姓氏的时候读作 mǐ。与之情况非常相似的还有一个字就是"牟"，"牟"字的本义是牛叫声，同时也是姓氏。芈与牟都是非常古老的姓氏。由此说明，羊和牛与中国人相伴的历史非常久远。

　　近几年还有一种羊肉的吃法在杭州名气很大，它就是余杭仓前的"掏羊锅"。所谓"掏羊锅"就是用一口大铁锅把羊肠、羊肚、羊头肉、羊心、羊肝、羊肾、羊脚等羊杂碎一道放下去，配之于陈年老汤。然后一堆人围着吃，掏上来什么吃什么，红红火火，热热闹闹的。

　　尽管羊肉有各种各样的做法，相比之下我最喜欢的还是红烧。我吃过的红烧羊肉还有一个地方的味道极好，但名气远不如临平的红烧羊肉，那就是桐庐的红烧羊肉。桐庐菜近年风靡杭州，最主要的原因就是桐庐菜的辣味做得极好，食材天然，味道本真。因为桐庐菜辣得入味，所以桐庐出品的红烧羊肉一点都不逊色于临平。

（东）

红烧羊肉

| 原料 | 主料：羊肉（1500 克）、萝卜 1 个、干红辣椒 2 个
调料：姜片、枸杞、桂皮、茴香、蚝油、黄酒、老抽、盐、糖、鸡精等 |

手法

　　羊肉洗干净后切成小块，倒入烧开的水中，水再次烧开后取出用清水冲净待用；最好选用肥瘦相间的羊肉，也可用羊腩来做；羊肉放入高压锅，加入姜片、桂皮、茴香、干红辣椒以及黄酒、蚝油、老抽，再倒入清水，水满过羊肉即可；羊肉烧之前要在开水中焯过并用清水冲洗干净，这样可以消除羊膻味，特别是南方的羊肉膻味比较重；

　　用大火烧 8 分钟，转中火炖煮约 7 分钟关火，再用保温盒焖 30~60 分钟；事先用高压锅将羊肉烧酥，可以节省时间，如果时间充裕的话也可以直接把羊肉放砂锅中先用大火烧开，然后再用慢火炖 1 小时左右；

　　萝卜去皮洗净滚刀切；把炖好的羊肉以及汤料倒入砂锅中，加入萝卜块、枸杞加热，烧至羊肉酥烂收汁，再加入适量的盐、糖、鸡精即可上桌。

复活节，正值春光明媚万物生长之际，自然少不了说到吃上。这是天主教国家最古老也是最重要的节日之一，它的地位可与圣诞节相提并论，是纪念耶稣死而复活的节日，也许从宗教的角度来看，比耶稣诞辰日更具意义。

复活节被指定为每年春分月圆之后的第一个星期日，从那天起，日长夜短，寓意光明必将战胜黑暗，所以复活节象征的是重生与希望。

复活节之前，在许多欧洲国家的街头，常常会看到一些张贴画，皮毛雪白的小羊羔，四蹄纤纤，立在春天的浅草野花中，目光里，那种顺从、谦和与无辜，会让所有看到的人心里都不由生出温柔来。这些张贴画大多出自素食主义者或某些动物保护组织之手，用来抨击谴责复活节期间作为主餐的羔羊肉的大量食用。

在这些无辜的小羊羔前，传统天主教食肉者，让小羊温驯的目光扫过心灵深处最柔软的那块之后，都会在心中嘀咕：你吃你的豆，我吃我的肉，偌大宇宙，各人都有自己的一方天地。

因为复活节正餐的烤羔羊肉，还是大多数人丝毫不愿放弃的。撇下羔羊在天主教中的各种含义不论，从纯粹饮食的角度来看，春分后吃羊，是有很多理由的。

　　想象一下很多世纪前，温饱对大多数人还是一个生死攸关的大问题时，冰河开始解冻，森林草场复苏，新叶的翠绿覆盖大地之际，人也吃完了地窖里过冬的储藏食物，眼前那最后一块干硬的腌肉，在春天芬芳的气息中，实在难以下咽，对鲜嫩多汁的肉的渴望，就成了每人的一种必然欲望。

　　复活节开禁，成了人们饮食上动物蛋白质和碳水化合物的狂欢之日。冬末春初出生的羔羊，也就理所当然地成了嗜肉者垂涎的美食，烤羊羔腿，就是这美味最典型的吃法。

Easter Day

　　复活节是天主教国家最古老也是最重要的节日之一，它的地位可与圣诞节相提并论，是纪念耶稣死而复活的节日。

烤羊羔腿

原料

——

1 条羊羔腿（2 千克内）
30 克 初榨橄榄油
200 克 肥瘦相间腌猪腮肉
3~4 条 迷迭香新鲜枝条
（干叶亦可）
2~3 瓣 大蒜
黑胡椒 现碾
盐

手法

将腌猪腮肉和大蒜、迷迭香、现碾胡椒末一起剁成茸，与盐混合，形成调料茸；

清理好的小羊腿上浅割几刀，用调料茸均匀地涂抹在上面，同时用力按摩肉质较厚处，并将部分调料抹入切口内，腌制2~3小时，切忌在表层尚未结壳的情况下切割羊腿，以免造成肉汁流失；

取烤盘，四壁涂油以防粘盘；将腌制好的羊羔腿平置烤盘内，浇淋余下的橄榄油，烤盘置于180℃预热的烤箱内，烤1小时左右，以颜色焦黄、表层酥脆为佳，为了使羊腿在烤箱内两面均匀受热，在烤炙时间过半后，可将羊腿翻个面。

烤羊羔肉应在出炉后即食，此时外层焦脆而肉质鲜嫩多汁，入口即化，在含有乳香的羊肉中，可清晰地辨别出腌猪腮肉的脂香，能让敏感的味蕾体验出它一种特殊的"油脂肉感"，这源于它在不带脂肪的羊肉中起的滋润作用，使肉食者在此得到最高层次的满足感。复活节烤羊羔腿的最佳搭档，非新鲜小土豆莫属，在烤盘中烤得四角金黄的诱人土豆块，柔糯香甜，与小羊肉同食，其中之妙处，在喝下半杯带有森林浆果香的红酒之后，也许有人会愿意细细道来。

有人吃豆，有人吃肉，各得其所，各享其乐，世上的美食，在你我的嘴中，有着各自的味道。

羊肉，不吃它的人说它味道腥膻，难以下咽；爱吃它的人说它奇香扑鼻，美味异常。汪曾祺写过许多有关美食的散文，在《手把羊肉》中对羊肉的评价是"鲜嫩无比，人间至味"，在他看来，好像只有羊肉才可以坐上美食的头把交椅。

估计像汪老那样爱吃羊肉的人不在少数，经过厨师和美食家的不断尝试，羊肉的吃法已经不下千百种，红的、白的、涮的、烤的……每一道菜，都在努力彰显羊肉的鲜美。

中国人讲究食补，羊肉除了能满足人们的口腹之欲，还有滋补的作用，这也是它大受欢迎的原因之一。李时珍的《本草纲目》就有"羊肉能暖中补虚，补中益气，开胃健身，益肾气，养胆明目，治虚劳寒冷，五劳七伤"。曹雪芹在《红楼梦》第四十九回中，也让上了年纪的贾母大补了一番，吃的就是牛乳蒸羊羔。

平民百姓没有这么讲究，冬天喝一碗有羊心、羊肝、羊肺、羊肠、羊血等的羊杂汤，温胃驱寒再好不过。

对美食的热爱不分东方还是西方。虽然把温驯的小羊变成盘中餐会给人留下话柄，但大多数西方人仍然不愿意放弃复活节正餐的烤羔羊肉。为什么？当颜色焦黄、表层酥脆、香气扑鼻的烤羊腿摆在面前时，温驯的小羊已经"踪影全无"。有香糯的土豆和带有森林果香的红酒陪伴，那含着乳香的羊肉已经让人的心灵真正复活了。

"世间万物，唯有美食不可辜负"。人对某种美食的热爱，有时候很难给出一个标准，就像爱上一个人，完全不讲道理。来吧，爱他（她），就请他（她）吃羊肉！

高蕾

身体和灵魂
总有一个
爱文艺

东

在少女的心中，南瓜也许是一种幸福的憧憬，是那载着灰姑娘奔向王子的马车；在孩子的心里，南瓜也许是一个节目的惊魂，是万圣节提在手上的一盏灯笼；在农民的眼里，南瓜代表了丰收的景象，是田园里结出的劳动果实；而在我的眼里，它一直是很有文艺范儿的一种瓜果。

很小的时候，我家房子旁边有一个属于自己家的小菜园子，园子里种了很多果蔬，比如青菜、白菜、南瓜、丝瓜以及韭菜、葱、蒜等等。我觉得最神奇、也最喜欢的却是南瓜，因为它需要的照料最少，需要的肥料也最少，却往往长得很大很大，大到让你难以想象。

走进园子，不经意地会发现在茂密叶子的覆盖之下，藏着一个硕大无比的南瓜，更惊喜的是，翻开之后发现旁边还有一个！

南瓜外表粗糙，疤痕满布，有种历尽沧桑的感觉，切开却是一片金黄。如果用人作比喻的话，便是心灵美的典型了。

洗净切成长条，放在锅里蒸一蒸，热气腾腾地端上桌，是诱人的暗金色。

南瓜

南瓜这种温和朴实的性格，就像我们人生中的小确幸，认真而努力，微小却美好。

咬上一口，软软的，甜甜的，既可以当主食，也可以当点心。切成细片，加点肉丝，下锅炒一炒，又成了一盘爽口的蔬菜，总在于亦饭亦菜之间。

尽管南瓜看起来笨拙，灵巧的人尽可以利用食材特点做出各种造型，只要用点心思，总能吃出一种精致的美学。比如想做得精细一点，加银耳、百合、莲子、冰糖等，就可以做成一个极其优雅的南瓜盅，因此说南瓜又在于亦蔬亦药之间。

我最喜欢是南瓜的花，开花的季节我经常会钻进园子里。南瓜花呈五星状，各个花瓣迎风绽放，毛茸茸的、非常健硕，金黄金黄的色彩在翠绿的大叶子衬托下显得格外醒目，我时常会一个人盯着南瓜花看上好半天。

现在南瓜花也成为餐桌上受欢迎的一道菜，清利湿热、消肿散瘀，且常作强身保健食品。

微波炉南瓜蒸蛋

原料

主料：小南瓜 1 个，鸡蛋 2 个
腌料：盐、鸡精、白糖、水

手法

挑好看的小南瓜洗净，切去顶部，盖子留着不要扔。把籽挖空，再挖去一小部分果肉。南瓜盅和盖子一起用保鲜膜包好，放入微波炉加热。取出后放置，待温度适宜之后再做处理；

鸡蛋加少量盐、鸡精、白糖、适量水打匀，用滤网过滤。过滤蛋液能提升口感，会更细腻、滑爽；

蛋液倒入南瓜盅内（不要太满），包好保鲜膜，放进微波炉，中火加热 8 分钟左右，文艺范南瓜出炉。

　　也许 10 月末不是游览巴黎周边区的最佳季节，连着几天的雨，一直湿入人的骨髓里。时至万圣节，就不由联想起中国清明时节让人"欲断魂"的雨。索性在凡尔赛宫附近小镇上随意选了个旅店住下，第二天一早去看看晨雾弥漫的宫殿和园林。

　　窗外，一个头戴女巫尖顶帽的女孩，手提小小的南瓜灯，拽着怀抱鲜花的母亲的裙裾，那橙黄色的灯光如同一颗夜空中温暖的小星星。

　　11 月 1 日的万圣节，大部分人都知道是西方的"鬼节"，这个节日常常与骷髅、女巫面具、糖果、饼干和南瓜灯联系在一起，它最具代表性的两种颜色，是象征深夜和炼狱的黑色与象征温暖和光明的橙黄色。

Halloween

南瓜灯被雕刻得表情狰狞可怕，里面点一支细小的蜡烛，在万圣节之夜，用来纪念被禁锢在炼狱里的灵魂。

其实这种简单地将此看作为"鬼节"不太全面，因为它的源头至少有两个：

一是和古凯尔特民族"夏去冬来"有关，早在两千多年前，在英格兰、爱尔兰和法国北部，这个日期就被定为新年的头一天；二是天主教宗教圣徒日的源头，在公元840年，罗马教廷正式将11月1日定为纪念所有圣人的节日，又称"万圣节"，紧随着的11月2日，则是缅怀凡俗亡灵、为他们扫墓的日子。

自从16世纪基督教新教与罗马教廷彻底决裂之后，传统的宗教节日"万圣节"也有了不同的意义，尤其在美国，从19世纪中叶开始，随着爱尔兰移民的大迁徙，这个节日的宗教气息荡然无存。

如今，从全球范围来看，英语国家的民俗节日"Halloween"显然占了绝对上风。

万圣节在天主教国家之外的意义，大都表现在孩子们的南瓜灯、恶魔服装、女巫面具与不可缺少的姜饼糖果上了。

万圣节最有戏剧效果的南瓜灯，传统上是由萝卜做的，爱尔兰和苏格兰人将此称为"杰克灯"。后来，到了北美的移民们把萝卜换成了南瓜，主要是因为南瓜的个头大且易于雕刻，再说，蜡烛将南瓜美丽的橙黄色，化为一团团温暖的光晕，在阴冷多雨的 11 月初，宛如一盏盏希望之灯。

入住的家庭式小旅店，饭堂在一楼。刚过 6 点半，门外的石板道就笼上淡淡的暮色，白日就鲜有人迹的小镇顿时变得异常寂静。晚餐是固定菜单，经典的鹅肝酱与波尔特红酒之后，上来了一盏在中欧国家餐馆常见的"汤羹"。象牙白色的双把杯内，一盏橙黄色的羹，柔柔地、静静地，散发出带着清香的热气。

匙到唇边，停留在唇颊间的甜香，就像傍晚那个头戴女巫尖顶帽的女孩手中温暖的灯光，持久而温婉。

南瓜天鹅绒奶羹

原料 主料：南瓜、土豆、陈面包
—— 配料：盐、小块黄油、新鲜
乳脂、橄榄油、干酪粉

手法

南瓜切块，或蒸或煮，可在其中
加一至二个土豆，用来加强羹的稠性，
煮好的南瓜熟块加新鲜牛奶，搅碎打
成羹；

南瓜羹入锅，加入盐、小块黄油、新鲜乳脂，文火炖至开，陈面包切丁，
文火烘烤至黄褐色；

浅盏盛南瓜羹，在上面略加干酪粉，亦可滴少量橄榄油，最后置烤炙面包丁，
美美地摆盘。

小抿一口，在鲜奶脂的浓香中，
可以清晰地分辨出糯糯的、那种南瓜
特有的与世无争的微微甜味。

把干酪粉和炸得黄褐色的面包小
丁，试着投入盏中几小丁，和羹一起
舀起，星型野茴香小花香味的脆面包，
裹着橄榄油的轻纱，在口中会伴着南
瓜羹缓缓地化开，如同几声低低的呢
喃。停留在唇颊间一丝淡雅的甜香，
在那里，持久而温婉。

小贴士
——

★此羹并非甜品，而意在突出南瓜的
甘甜温馨之味，故用奶并鲜乳脂、少
量黄油，能生出"金风玉露一相逢"
的境界。

★盐虽不可缺，但宜少置，以其出味
而已，忌多盐，以避免甜咸两味旗鼓
相当，造成互相抵消的后果。

食客说

　　稍加留意就可发现：最常见的食材，往往会有最多样的烹制方法。不甘单调，超越平凡，于日常中出新意，于平淡处见奇崛，正是艺术创造的源头和动力。从这一点来说，烹饪艺术与其他艺术，有着本质上的一致。

　　这两道菜都用到南瓜，取径不同，各有千秋。"南瓜蒸蛋"取其形，妙在搭配；"南瓜奶羹"取其味，妙在融合。蒸南瓜和蒸蛋，分开来是寻常不过的两样菜，但一经混搭，境界全新，色彩上的黄绿相衬，材质上的软硬兼施，兼具建筑美学上的赏心悦目。而南瓜与黄油、乳脂交融而成的乳羹，如音乐的复调与和声，彼此呼应、迎合、追随、交缠，柔软甜蜜而悠长；那松脆的面包丁，则如弦乐中的几声弹拨，拨动的是食客的心弦……

楼含松

鱼和羊
都与之无关

东

　　大海里贝壳类的品种繁多、数量巨大，贝壳的外表有的华丽美艳，有的精巧玲珑，且肉质鲜美，风味独特，它们是大海的珍宝，是自古以来人类就钟爱的饰品和食物。

在食用的贝壳类中，我最喜欢的是文蛤，但是对于文蛤的最初印象不是在餐桌上，而是作为一种护肤品。年龄稍大的朋友可能还记得，早些年普通百姓的家里只有一种化妆品，那就是蛤油，就是用文蛤的壳作为包装容器的护肤品。文蛤又名蛤蜊，因此有些地方叫蛤蜊油，杭州人称之为蚌壳油。秋冬季节寒冷干燥，脸部和手部容易被冻伤冻裂，抹上点蛤油，就是上好的护肤美容方式。20 世纪六七十年代，几乎街上所有的百货店杂货铺都出售蛤油，它价廉物美，经济实惠，深受人们的喜爱。

后来对文蛤的印象就是餐桌上的美味了，知道了文蛤被称为"天下第一鲜"。据说，清代皇帝乾隆下江南时吃了文蛤，为其鲜美味道所折服，所以就给封了这个雅号。文蛤是贝类海鲜中的上品，外壳呈扇状，上有如釉的五彩花纹，肉质白嫩，其味鲜而不腻，百食不厌。唐代时曾为皇宫海珍贡品。

谈到"鲜"字，古今中外有很多误解。一个是东方文化中汉字的"鲜"字。古今有不少人把"鲜"理解为鱼肉与羊肉同烹，其味鲜美，甚至有些小餐馆把鱼肉与羊肉同烹以招徕顾客，最著名的当数羊方藏鱼。此乃望文生义，不足为训。

海鲜

中国古人称海鲜为"海错"，意为海中水产，错杂非一种。中国的农耕社会特质，决定了海鲜在古人的饮食结构中是奢侈的象征——海货经常都是与山珍并列的。

据《周礼·天官》记载，古代的鱼、螺、蛤蜊等，或是加工成祭品供周天子祭祖用，或是供周朝宫廷内食用。也正因为海鲜出入宫廷，得以流传下诸多关于海鲜菜品的记载。

《说文》："鲜，鱼名，出貉国。从鱼，羴省声。"鲜，从鱼从羊，是一个形声字，本义是指一种鱼的名字，后来经过演化，分别指活鱼、鱼类、新宰杀的鸟兽肉、刚收获的新鲜食物等，也表示新鲜、鲜美、鲜明的意思。在中国饮食文化中，"鲜"指的是鲜美的味道，这是一个非常重要的味觉指标。而另一个则是西方文化中英语的"鲜"字，在英语语境中一直没有表示鲜味的词汇，英语中"fresh"指新鲜的意思，后来从日本引进一个词"umami"，专用于指味道鲜美，这个词来源于味精的生产。

简单地说，鲜味说是肉的味道，就是蛋白质的味道，而氨基酸则是构成动物营养所需蛋白质的基本物质。20 世纪 70 年代，欧洲一家研究机构在人的味觉器官（舌头）中发现有专门的氨基酸受体，它能够感受到"鲜"的味道。1985 年在夏威夷首届鲜味国际讨论会中，鲜味一词终于获得官方认可为科学字词，用来描述谷氨酸盐及核苷酸的味觉，从此之后，"鲜"才被国际上广泛接受为第五种基本味觉，与甜、酸、苦、咸并列。

写到这里，我真心觉得东西方饮食文化的差距不是一点点，有的地方一差就是二千年。

东

葱油文蛤

原料

主料：文蛤 600 克

调料：食用油、黄酒、蒸鱼豉油、
姜丝少许、葱花少许、食盐适量

手法

　　鲜活文蛤洗净摆盘，放入姜丝，倒入少许
黄酒，可以去腥味；锅中烧水开，将文蛤放入，
置于蒸架之上，蒸至壳打开；

　　将多余的汤汁倒出（可以留着做汤或者煮
面，是很好的调味品），淋上蒸鱼豉油，撒上
少许香葱末；

　　锅洗净热油，并撒入适量食盐；将烧热的
油均匀地淋在文蛤之上，这时会激发出一股葱
香，就可以上桌了。

喜欢海鲜又有高雅品位的人，最大的欲望，自然是在金红的落日下，坐在海边铺着白色亚麻台布的餐桌前，对着骨瓷餐盘、银质刀叉、水晶高脚杯，喷一口清凉的白葡萄酒，望着夕阳在海面上映出的粼粼金光，会感觉人生再无所求。

喜欢海鲜但偏爱质朴、嫌前者过于矫情的人，也喜欢坐在海边，挑选的小餐馆，往往会将餐桌直接置于沙滩上，让食客的身体与大海的接触更直接，餐盘刀叉是日常用的大路货，白葡萄酒同样清凉怡人，但是灌在玻璃酒器里的那种口粮酒，喝下半杯后，就稍稍上头，让人眼中升起淡淡的雾气，爽快中突然会冒出一丝温柔的忧郁。

Etiquette

通常意大利餐的顺序是：先上开胃酒，然后是前餐（即冷盘），一般是香肠、生火腿片与甜瓜，或是橄榄、鱿鱼片等海鲜。接下来的两道正餐有面条、米饭、肉或鱼等。然后品尝甜点、水果、冰激凌等，最后是一杯咖啡和有助消化的烈性酒。

所谓的"矫情者"，与"质朴类"的食客，对真正海鲜大餐的理解和喜好，也各不相同，但是，一盘蛤蜊面条，能将两者迅速摆平。在它面前，"众口难调"这个说法会彻底失去所有的意义。

这盘食材简单、烹调容易但美味无比的面食，原是意大利港口城市那波利的传统美食，如今，成了地中海沿岸国家海鲜餐馆春夏秋冬的经典美食，也是天主教国家平安夜大餐中最传统的食物之一。

很多人认为，在西餐中，并不存在"鲜"这个概念，但当你将第一叉蛤蜊意面放入嘴中时，这个观点，会迅速被颠覆。蛤蜊意面，除了它淡雅的色调和浓郁的大海气息之外，最冲击食客味蕾的，就是一个"鲜"字！

蛤蜊意面，貌似简单方便的西餐头道，要真正将其做得色香味俱全，还是有很多食材要求和烹调技巧的。

首先，从食材来看，主打当然是蛤蜊。这种含有丰富铁、锌、镁和碘而脂肪含量极低的贝类，和贻贝、牡蛎等一起，在地中海饮食中有着悠久的历史。蛤蜊不言而喻，除了必须新鲜肥美之外，还要处理得干净到位；意面，则非得是那种硬麦面，通心面、扁面和实心面皆可。有了这两样主要食材之后，大蒜、欧洲香菜和黑胡椒、红辣椒，都是次要的了。

蛤蜊意面

原料

长意面 400 克、新鲜蛤蜊 800 克、大蒜 1 瓣、红辣椒（随意）、现碾黑胡椒末、欧洲香菜、初榨橄榄油

手法

————

将新鲜蛤蜊浸入加少量盐的冷水中，奢侈一点的可直接用海水，静置至少两小时，使之完全吐尽沙粒；

大蒜、欧洲香菜分别剁成茸；

煮面的同时，另置平锅，内加橄榄油、油热之后，入蒜蓉，稍后入部分欧洲香菜末、红辣椒，中火煸，待蒜蓉煸出香味且颜色为浅金黄时，将沥净水的蛤蜊投入，大火炒30秒钟之后，加盖，中火煮30秒左右（视蛤蜊大小）；

将开口的蛤蜊连壳取出三分之一，其余的取肉弃壳，保留在锅内汤汁中；

面条煮至八分熟，捞出沥干后，直接置入蛤蜊锅内，中火，不断用力翻煮，使面条裹住汤汁，汤最后呈稠汁状；

最后将三分之一的带壳蛤蜊、余下的欧洲香菜末投入，迅速翻数次，起锅前加入现碾黑胡椒末。

蛤蜊意面的烹调，看似简单，但其实并非如此，这道面食经常用来衡量厨师对烹调的悟性，简单并非简陋，很多时候，简单更有可能接近完美。其中有三个标准，一是蛤蜊的肉质必须柔嫩多汁，烹调火候和时间关系的把握极其微妙，二是吃完面时，盘底残汁的稀稠程度，汤汁为水状或没有汁汤，都是不成功的标志，三是所有调料（辣椒为最）的味道，只能是陪衬，不能喧宾夺主，为的是突出蛤蜊特有的新鲜微甜味，这种微甜味和硬麦面条的麦香配得天衣无缝，是这道面食的主旋律。

成功的蛤蜊意面必须是这样：从头到尾裹着天堂般滋味的面，它柔美的线条，偶尔被鲜嫩的肉色蛤蜊打断，稠汁顺着叉子上的面条懒懒地垂下来，缓慢地和盘底相接，翠绿的欧洲香菜，宛如大海中的闪亮浪花，黑胡椒末，则是味蕾上不时爆出的小小火星，食客刹那之间必定会被甜美淹没。

食客说

烹的是一碗蛤蜊，品的却是东西方文化中"鲜"的历史与演化。

东方的美食与品饮，往往在食物之外，还有悠远的意境与丰富的文化，甚至它们构成食物味道不可分割的一部分。这也是中华美食中最美好的基因之一。一颗文蛤入口，林先生品出的是情感、记忆、文化与故事，甚至是古人对这世界的看法，因而此文读来，鲜也。

蛤蜊意面，我边读边吞咽口水。细致入微的描摹，使蛤蜊意面如在面前，香味四溢，汁液流淌，鲜甜的蛤蜊与味汁交融的意面静静地躺在盘子里，我等读者却束手无策，徒叹奈何！大约许多人读罢此文，跟我一样会恨不得立即起身去菜场，买来新鲜原料与食材，按着文中所示步骤亲手操作起来。倘若此时还能幻想自己身在金色海滩，面对无边美景，品这样一道美食，简直要哭出来。

周华诚

做个大侠难
做个大虾
还是容易的

小时候在溪边玩耍，经常会看到小鱼、小虾、螺蛳之类，我最好奇的是虾儿——问题之一是虾儿为什么会有这么奇怪的形状？笋尖般的头部，弓背多节，头上有长长的胡须，胸腹部有好多对步足和游泳肢；问题之二是长这么奇怪为什么还能游得这么快？同样都是游泳高手，虾儿的形状却与鱼儿大不同，完全没有鱼儿那种让人赞叹的流线型。

与鱼儿一样的是虾儿也很难抓住，即使小溪清澈见底，它们的行踪还是极难被发现。半透明的身体往往隐藏于水草之中，好不容易看到小虾，正待去抓它时，突然弹一下就不见踪影了，这时候往往会想起柳宗元《小石潭记》里描写小鱼的句子"俶尔远逝，往来翕忽"，我觉得用来描写水中小虾也颇为传神。

除了水中虾，令人印象深刻的还有画中虾，像齐白石老先生画的虾就称为一绝。"池边塘畔长芦丛，入水枯芦腐作虫。泥草本根真再化，海天无地著蛟龙。"据说齐白石老家有个星斗塘，塘中多草虾，幼年的他常在塘边玩耍，从此与虾结缘。儿时欢乐的情景成了他作画的素材，正所谓"儿时乐事老堪夸，何若阿芝絮钓虾"。为了画好虾，他在案头的水盂里养了长臂青虾，以便可以经常观察虾的结构和动态，然后将躯体透明的白虾和长臂青虾结合起来，创造了"白石虾"。

其实这种水墨虾在自然界并不存在，白石老人是在符合虾的生物学原则基础上，艺术性地将他的"妙在似与不似之间"的理念演绎到了极致。白石老人画中的虾或嬉戏游动，或进退跳跃，甚至相互斗殴，无不栩栩如生，跃然纸上，总也是给人很忙碌的感觉。

在北京匡时 2015 秋季拍卖会上，齐白石一幅画作《水边池底是家乡》（108 cm × 34.5 cm）以 437 万元成交，画上共有六条虾，算下来一条"白石虾"均价是 70 多万元，可以说是"史上最贵的虾"之一。

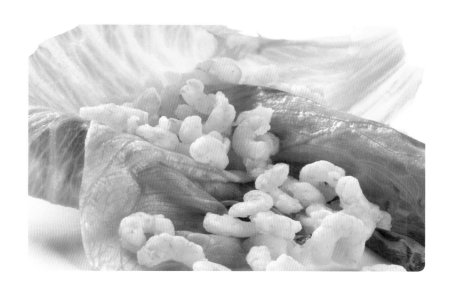

淡水虾

虾子给我的印象，总是来也匆匆去也匆匆，有一种一刻不得闲的样子。

谈了水中的虾和画中的虾，再说到餐桌上的虾。虾的品种有近2000类，种类繁多，味道鲜美，一直以来是人们喜爱的食物之一。我国海域宽广、江河湖泊众多，盛产海虾和淡水虾。特别是海虾，口味鲜美、营养丰富，可制多种佳肴，有菜中之"甘草"的美称。各地的菜肴中都有关于虾的特色做法，比如杭州最著名就有"龙井虾仁"，当然还有近年火爆的"老头油爆虾"。

在餐桌上我不太愿意多吃虾，原因倒不是虾的味道或者有什么忌口，主要是因为我这个人比较懒，吃虾与吃蟹一样，工序复杂，步骤繁多，麻烦多了就吃得少了。

其实虾、蟹与瓜子、核桃一样都应该属于休闲食品或食物，剥剥虾壳，尝尝蟹肉，嗑嗑瓜子，吃吃核桃，这就是一种休闲生活。大家一向忙碌惯了，日子过得很"紧绷"，现在也该让生活慢下来，按照现在流行的说法，要"把时间浪费在美好的事物上"。下面我就与大家分享相对复杂的一种虾的做法。

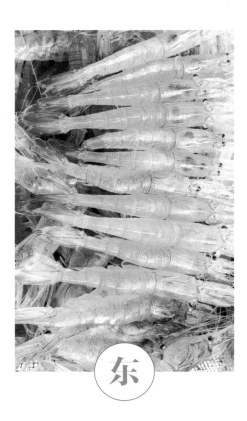

东

翡翠虾仁

原料

主料：
虾仁、玉米粒、甜豆、包心菜、香菜、姜丝

调料：
油、白糖、鸡精、盐、黄酒、番茄酱、芡粉

手法

原料洗净，包心菜叶入沸水中烫软，备用。少量油热锅，下姜丝、玉米粒和甜豆翻炒，待五分熟再下虾仁一起翻炒。虾仁八分熟时，加少量黄酒、白糖、鸡精、盐炒匀，然后关火；

取 1 片包心菜叶，中间放适量馅料，拉起叶子四周使其收拢再用香菜叶系好，放入盘中，用大火蒸制 5 分钟；

最后勾芡，以芡粉汁加入番茄酱、白糖，均匀淋在蒸熟的翡翠虾仁包中间。

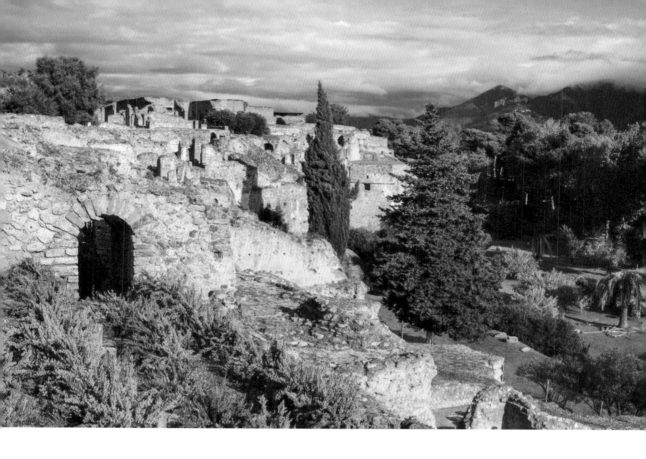

　　公元 79 年被维苏威火山厚厚岩浆淹没的庞贝古城，从开掘的那天起，关于它的真面目，尤其是它曾充满活力和生机之时的景象，真实的历史记载和神奇的推测传说，如同一粒粒折射着五彩光芒的钻石，以不同的方式不断地向人们诉说着。庞贝城遗留下来的众多珍贵镶嵌画，就是这些方式中最直观的一种。

无论艺术评论家如何从艺术风格的角度上，来不厌其烦地分析其承前启后的地位，无论史学家们如何追溯和考证那金盔铁骑的战争场面、器宇轩昂的历史人物，但去过庞贝的绝大多数人的记忆中，那些以彩色大理石、朦胧玻璃块为材料的镶嵌画里，最生动的，并非是那些场面宏伟、画幅宽阔的场景，也不是某个王亲或贵妇矜持高傲的表情，或者美人身上飘逸的华服。

除了几幅大胆形象的春宫图之外，人们会更愿意记起随意放在果盘中的成串葡萄、大把鲜花，长着豹子斑纹叼锦鸡的小猫，戴项圈的长舌头猎犬，在古式阔口杯中饮水的鸽子和鹦鹉，还有，就是大海深处乌贼和龙虾的生死搏斗。

这场搏斗不是古典艺术中惯常表现的场景，海神与随着它的狂飙巨浪都没有出面，这里纯粹是大自然中水族间的争执：默默地顽固地，两个旗鼓相当的对手，在水族世界典型的冷漠和寂静中，正在决一死战，它们旁边，一条阴险的海鳗在无声无息地扭动着，以"黄雀在后"的姿态，正密切关注着眼前的这一切，随时准备出击。

Pompeii

画面中有一只虾，众水族中，这身段最纤细、体量最微小的虾，却被放在了构图的中轴线部位，在硕大的利齿圆眼大鱼底下，悠闲地踏着沙土轻轻漫步。

这只虾的体态表情，在水族成员中最为生动独特，那弓起的腰背和细长轻盈的腿，都使它显现出一种局外者的从容出世，甚至带着几分哲人与世无争的智慧之态，静观事态的发展。

不管镶嵌画艺术家用何种手法来描绘这只虾的从容，它貌似的智慧和它的静滞沉思状态，但它的实用价值终究不在于作为艺术对象，它首先是酷爱美食的庞贝人盘中的佳肴。

有着曲折多姿、蜿蜒绵长海岸线的地中海，介于亚、欧、非三大洲间，丰饶的物产造就了几千年的文明和美食文化，海鲜，更是古希腊人和古罗马人喜爱的美味，其中海虾，是最受追捧的海鲜之一，而珍贵的地中海红虾，则是虾类中的佼佼者。

早在公元前 4 世纪，古希腊诗人费罗萨努斯就在他的诗中，详细地记录了一个豪门宴会上的红虾食谱，给这道至今不衰的海鲜美食赋予了丰厚的历史和文化内涵。

费罗萨努斯诗中记载的食谱是"蜂蜜汁烩红虾"，食材和烹调方式都十分简单，除了现剥的新鲜红虾虾仁、蜂蜜和鱼酱外，只要几片牛至叶和现碾的黑胡椒末调味，再添加番红花粉调出金红色，就可以旋即做成色香味具全的名副其实的"古典"菜肴了。

从古至今，地中海红虾中最受美食家追捧的，是西班牙的珍稀品种 Palamos 红虾和西西里红虾，两种都属于地道的"野虾"，味道异常鲜美清雅，丝毫没有太过火的"海洋"气息。

它们的"珍"，还在于它们的"稀"，这些虾的繁殖力较其他品种更薄弱，生命力也相对柔弱，出水面后，在极短的时间内就会不可避免地死亡，随之，虾头部分立即呈醒目的深色调，从出水时的红色变为无可挽回的黑色。

　　在西西里岛的渔村，会有讲究的本地食客，手拿着小木桶或几片新鲜的大蕨叶，立在渔村的小港口前，顾盼夕阳下回归的渔船，常常是船尚未靠岸，就用方言大声吆喝船主的昵称，打探是否捕到能装满盘的红虾。

　　如今，被推为世界最自然、健康饮食的"地中海饮食"，其中，海鲜分类里，有许多用地中海红虾做成的美食，经典之一，就是白兰地烩红虾。

白兰地烩红虾

原料

地中海红虾、白兰地、新鲜柠檬、盐、黑胡椒、初榨橄榄油、欧洲香菜

手法

　　虾破背处理干净，橄榄油热至 70℃放入红虾，旺火双面各煎半分钟；加入少量柠檬皮、黑胡椒末、柠檬汁、盐，最后均匀撒入白兰地，用火柴点燃，使白兰地火焰在锅中尽量均匀分布；

　　待酒精基本蒸发，翻虾，以两面稍带浅褐色为准，盖锅三四秒钟熄火，装盘前加入切成细末的欧洲香菜和柠檬汁；

　　这道虾烹调时间需控制得当，这样，虾的肉质纤维不会过粗过老，在保持汁汤丰富的同时，口感层次饱满。白兰地火焰的微微焦香，与虾肉的细腻鲜甜之味道相得益彰，而柠檬皮极其淡雅的微苦后味、柠檬汁那挑拨味蕾的灵动清香酸味，使之丝毫没有腻口感。

　　这道菜的讨喜之处，在于它的食材配料简单、烹调难度低，但无论是格调高雅的宴席，还是家常便饭，都可用它，可谓在"江湖庙堂"，皆能做到潇洒自如的一道菜。

食客说

"仙女虾"算是早两年的网红吧，据说它们已经在地球上生活了2亿多年。与远亲"仙女虾"相比，虾的颜值不算太高，但它摇曳着轻灵的身姿从历史的长河一路游过，也看过了不少世间的风景。

虾们经过庞贝城灰尘的洗礼，在柳宗元的小石潭沐浴，又被齐白石老人的水墨浸染……最终，是意大利的白兰地让它醉生梦死了，伴着柠檬皮淡淡的酸涩，成为人们鲜美的记忆。虾的鲜甜留存着味觉中的"美好"，与玉米、甜豆为伍，最后被软糯清香的包菜揽入怀中，虾的美好时光就在这一刻定格了！

不管是拍卖会上70万元高价的"白石虾"，还是走过悠远时光的古董"庞贝虾"，当它跃上百姓的餐桌时，只需一撮最最普通的盐，就足以还它本味。

高蕾

好 CP
不可拆

东 行走中的乡愁

西 无意外，不惊喜

东

　　很早以前喜欢看台湾作家三毛的游记，书里写到了她与丈夫荷西的很多故事，最有意思的是写到荷西对中国食物的认知，闹出了很多笑话。出生在西班牙、工作在非洲的荷西对中国的食物非常陌生，他总喜欢把紫菜叫作印写纸，把粉丝叫作雨丝，正所谓："百里不同风，千里不同俗。"

像紫菜这些食物，对于像我这样在山海之间长大的人来说，真是再熟悉不过了。海边的人也不是总能待在海边，在经济、物流不发达的 20 世纪七八十年代，浙闽沿海一带的人为了生活，在中国和世界各个角落颠沛流离，"历经千辛万苦、说尽千言万语、走遍万水千山、想尽千方百计"。关于"四千"的这句话曾经作为温州人闯市场生动而经典的写照，后来被总结提升为浙商的"四千精神"。

在这"四千精神"的背后，是什么维系了他们与家乡割舍不断的情感？除了家中的亲人就是家乡的食物。

大海的味道

紫菜和虾皮这两种海产品就是长期在外打拼的海边人经常随身携带的食物。它们最大特点是轻便干燥、不易变质，营养丰富，且食用方便，味道鲜美，于是成为了与人们随行的大海味道。

不管在原始森林，还是在大漠戈壁，只要手上有紫菜和虾皮，不出五分钟就可以做出一碗美味汤。可先取一个大碗，放进撕碎的紫菜，再放一些虾皮，加上少许味精和盐，冲入滚烫的开水，这样一碗鲜美的海味汤就成了。如果能滴上几滴香喷喷的麻油，再放上一把葱花的话就更妙了。拿一个小调羹，舀上一勺热汤倒入嘴里，紫菜的柔糯口感、虾皮的咸鲜滋味透入喉舌，一种久违的大海的味道就会扑面而来。

记得几年前，亲戚朋友十多人赴新疆自由行，一路上欢歌笑语暂且不论，饮食上的巨大差异却造成不习惯，幸亏有人带了紫菜和虾皮，每次吃饭的时候，紫菜虾皮汤一端上桌总会引起一阵欢呼，然后汤碗一会儿就见底了。

人在旅途，吃饭的确是一件大事。在路上，最怕的是有时候前不着村后不着店，在这种情况下首先考虑的是怎么吃饱肚子。因此说，除了惦记着类似紫菜、虾皮的家乡味道之外，需要解决的是要有携带轻巧、食用方便的食物，其中像饼一类的点心和干粮就是首选之物。其实，饼在古代是面食的一种统称，唐宋时期分有炊饼（类似圆形馒头）、烧饼、汤饼（其实就是面）等等，后来指扁圆形的面制食品。

在浙南闽北一带就有一种点心，把紫菜和面饼二者结合起来做出一道美味，这就是紫菜饼。

香煎紫菜饼

原料

主料：
面粉 100 克、鸡蛋 1
个、紫菜 5 克、清水
100 克

调料：
葱花 1 把、食盐适量

东

手法

将面粉倒入干净的容器中，打入 1 个鸡蛋，加入适量
的盐，用筷子搅拌均匀。

慢慢地倒入清水，边倒边用筷子搅拌成糊状。

面糊里加入撕碎了的紫菜，加入少许葱花，继续用筷子
搅拌均匀。如果喜欢咸鲜味，还可以在面糊中加入一些虾皮，
吃起来有一种独特的口感和味道。

平底锅倒入适量的油烧热，再倒入面糊，用中小火煎香，
翻面后用锅铲稍压一下，继续用中小火煎脆即可切块装盘
食用。紫菜饼食用之前可以根据自己喜欢的口味涂上不同
风味的酱料，让紫菜饼吃起来别有风味。

东方和西方的饮食中，都不缺的食物，也许就是用面粉和水做成的饼。世界上每个国家都有自己特色的各种饼，无论是咸味的还是甜味的，无论是有馅的还是简单的，无论是作为主食还是点心，它们的基本材料和制作方式都大同小异。

在原奥匈帝国区域和德国的巴伐利亚地区，在每个餐馆和酒吧，都能吃到一种名头极其响亮的大众甜点：皇帝炸甜蛋饼 (kaiserschmarren)。这道甜点名字的发音，对所有非德语国家的人来说，几乎是一件不可能的事，但它肯定是这些区域最亲民、最简单的点心，每个有能力点燃炉灶的人都可以做出香甜的蛋饼，每户家庭通常从来不会缺少做皇帝炸甜蛋饼的材料：面粉、鸡蛋、糖、黄油、果酱，一天的每时每刻，都是享用它的最佳时刻！

说起历史上许多美味，人们总愿意在这些食谱后面加上一些背景和故事，如此，在刀叉偶尔碰撞的清脆声音中，历史和文明，就像几个更响亮的音符，在平静的旋律中不时推出几个高潮。

有关这道甜蛋饼的传说不止一个，但所有的传说中都有一个皇帝——弗朗茨·约瑟夫一世（Franz Josef I, 1830 — 1916)，奥地利皇帝兼匈牙利国王。

Franz Josef I

弗兰茨·约瑟夫皇帝以建立
奥匈帝国的功绩为世人熟知。

19 世纪下半叶，这位英俊
的年轻帝王统治着欧洲第二大帝
国。他异常勤奋，每天工作 12 小
时以上，洗冷水澡，睡行军床，
能熟练运用八种语言，还有一位
异常美丽的皇后——伊丽莎白
（茜茜公主）。

很多人一听到弗朗茨·约瑟夫一世，就
会马上联想到他和他的皇后——美丽任性
的巴伐利亚贵族伊丽莎白（茜茜公主）波澜
起伏的爱情故事，但其实，他还有众多美德，
如这个皇帝虽然不具特殊执政天才，却是个
十分勤奋敬业之人。

一日晚，强烈突兀的饥饿感，使伏案忙
碌的弗朗茨·约瑟夫一世脑中一片空白，无
法集中思想继续阅读那些长得无尽头的政
局分析，就传令膳房准备夜宵。

那晚值班的御用厨子，恰好是个浪漫有
余细腻不足之人，为了以最快的速度来满足皇
帝的要求，他手脚并用调好了蛋糊，想做一道
他拿手的煎松饼嵌果酱，配上一杯加白兰地
的滚烫牛奶，在这雪夜中，肯定是最能讨得
皇帝欢心的选择。谁知刚把蛋糊倒入热锅中，
他的注意力就被吸引到了为第二天准备的炖
鹿肉上了，他在反复斟酌的问题是，在加了
肉蔻的肉里，用上几勺香醋是否会串味。

当鸡蛋的焦香提醒他皇帝的夜宵还在炉
火上时，已为时过晚，本应该为嫩黄色的
松软蛋饼，被黄油烙出了一纹纹浅褐色的焦
痕，仿佛蛋饼里掺了可可粉。厨子大惊失色，
飞速将锅从火上撤下，欲重头做起，但自知
已经没有时间。绝望之余，怀着侥幸的心情，
用叉子将煎焦的蛋饼分成小块，在盘中摆成
缓坡的小山丘状，从顶部撒下大量的香草绵

白糖粉，以此来掩饰那浅色的焦纹，最后，在蛋饼周围，以几勺鲜红的醋栗果酱做装饰。

　　散发着鸡蛋被黄油煎透的浓郁香味，色调介于浅黄和金黄色的蛋饼，被洁白的细腻面糖衬托得隐隐绰绰，几抹如残阳般的殷红果酱，妙笔生花，将它方才在锅中的惨状一扫而光。

　　改头换面的蛋饼被侍者端进皇帝的书房之后，只过了一会儿，就传出要第二份的命令。从此，每天晚上，弗朗茨·约瑟夫一世都会用它做夜宵，它也就被封为了"皇帝炸甜蛋饼"。

皇帝炸甜蛋饼

原料

鸡蛋 5 个、白糖 50 克、面粉 250 克、牛奶 250 毫升、盐少许、黄油 80 克、面糖、醋栗果酱、红莓果酱或其他种类果酱

手法

将蛋白和蛋黄分开，在蛋黄中加白糖打发，当呈细腻泡沫状时，边继续打发蛋液，边逐次加入筛过的面粉，最后添入牛奶，均匀搅拌；

用一个较大的容器，打发蛋清，加入少量盐和几滴柠檬汁，至体积膨胀至少一倍、充盈较细密的泡沫；

将打发的面粉蛋黄酱缓缓倒入云状的蛋白中，用木勺轻轻搅拌均匀，避免破坏泡沫；在锅中放黄油，待之溶化，加热至冒烟前，将蛋糊倒入锅中，以中火煎炸；待蛋饼一面均匀受热之后，将之翻面，翻的过程中可刻意将此翻"破"；

之后，即可装盘，撒绵白糖，最后饰以果酱。

皇帝炸甜蛋饼做法有多种，有人喜欢在蛋糊中添加用温水泡软的葡萄干和松子，葡萄干的甜糯、松子的油脂香，与蛋香和黄油香相得益彰，食之更香甜；有人喜欢在果酱边上加几粒新鲜红莓或蓝莓，以此来强调果子的酸鲜和香草绵白糖的香甜之间鲜明的反差。至于蛋黄面糊和蛋白打发的手段，坚持手动打蛋器打发、抵制电动器打发，则是追求完美者的纠结了！

食客说

　　若论食品加工的方法，恐怕要数面食的花样最多。而面食的制作，总离不开一个"和"字。

　　"和"是多音多义字，"和面"的"和"作动词用，这是面食制作的第一步。面食之花样百出，就在于怎么"和"以及"和"什么。各地面食的变换无穷，无非是因地制宜的在面里"和"进了特定的材料、通过不同的烹制方法，形成各自的风味。

　　如果用作形容词，"和"大致有"和谐、平和、匀和、合适"等意思。小麦虽为粮食中的主食，但较之稻米，似乎更有无我精神，甘愿化为齑粉，与其他食材的搭配，随物赋形；和衷共济。于是，欧洲就有了"皇帝炸甜蛋饼"，在海边就有"香煎紫菜饼"，而杭城的上班族，早上匆匆出门，家门口买个"鸡蛋煎饼"，一路走一路啃，也是常见的风景。细思面食之"和"，"和"的不仅是多样的食材，还"和"进了丰富的文化内涵呢。

　　由"皇帝炸甜蛋饼"，想到各种饼的名称，想到我家乡浦江、义乌一带以前流行的"光饼"。明朝戚继光率兵抗倭，其部队带一种特制干粮：面饼中间打一小孔，火炉中烤熟，用麻绳穿起来，背在肩上，随时可以掰下一个食用。"光饼"之名由此而来，这种饼，在福州一带也有，也是戚家军之遗风。现在生活条件好了，各种精美糕点都能买到，"光饼"濒临绝迹。但其由来，值得后人记取。

楼含松

每个人都对这只鸟自有想象

（东）飞得再远也不能忘了回家的路

〈西〉风月无边烤乳鸽

人类对飞鸟有一种天生的倾慕和向往，因为飞鸟能够自由地翱翔于蓝天之上。与人类能够亲密、友好地相处，又能远距离飞行的鸟类当数鸽子。

我对鸽子的认识最早来自邻居，他曾经养过一群鸽子，每天在那里摆弄，至于后来到底有没有飞出去或者飞回来，一点印象都没有了。

关于鸽子至今留有深刻记忆的倒是有一件事。当时我还在念大学，暑假放假回老家的时候，在杭州工作的姑父让我带一只信鸽回去，到了目的地之后再放飞。于是我乘车回到400多公里之外的家乡，把鸽子放飞了。假期结束后，我回到杭州偶然间想起问了姑姑：信鸽有没有飞回来？姑姑告诉我：在我走之后的很长一段时间，姑父每天在窗前仰望，等待鸽子回来，结果是鸽子一直没有回来。我心里很愧疚，总是觉得这是我的责任，没有把鸽子带好、也没有放好。

鸽子与人类的关系非常友好，其之于人类有三种象征意义：一是和平的象征，飞鸽口衔橄榄枝就是代表着和平、友谊、团结、圣洁；二是温和的意思，比如鸽派、鹰派；三是信使的形象，人类最早的时候就把鸽子作为通信工具使用，已经有数千年的历史。

无论家鸽或野鸽均具有强烈的归巢特性，任何生疏的地方对鸽子来说都不能安心逗留，时时刻刻想返回自己的"家"，尤其是遇到危险和威胁时，这种"恋家"欲望更强烈。

六禽

中国人早在西周时期就领悟了鸽的鲜美，当时就与雁、鹑、鷃、雉、鸠一起定为供膳的禽类，统称"六禽"。

因此，鸽子被携带至百里千里之外放飞，它一定会竭尽全力以最快的速度返归，并且不愿在途中任何生疏的地方逗留或栖息。

像我这样方向感差的人内心里一直非常佩服鸽子，为什么这么一个小精灵在数百甚至数千公里之外能够找到自己的家？如果是我的话，没有借助工具肯定找不到回家的路。当然鸽子最让人敬佩的品德还不是方向感问题，而是它对家、对故土的眷恋之情以及它返归故乡的坚定决心。

如今鸽子对于人类而言，除了文化上的意义之外实用功能已经发生了很大转变，

由于通信技术的发达，鸽子不再作为传递信息的通信工具使用，而主要用于比赛和食用两大类。特别是肉鸽（乳鸽）肉质细嫩，滋味鲜美，且营养丰富，富含粗蛋白质和少量无机盐等营养成分，对于普通老百姓来说是一种上好的滋补食物和不可多得的美味佳肴。

主料：
乳鸽一只（约 500 克）、香菇 10 朵、木耳 10 朵、枸杞少许

调料：
姜丝若干、黄酒少许、白糖（三分之二汤匙）、鸡精（1 汤匙）、盐（三分之二汤匙）

东

清炖乳鸽

手法

乳鸽切小块洗净；香菇和木耳用温水浸泡 15 分钟洗净，香菇切成细条、木耳撕成细片备用；姜块去皮洗净，切成薄片或细丝备用；

把乳鸽倒进高压锅内，加入香菇丝、木耳片、姜丝，加入黄酒，再加适量的清水，水量以没过乳鸽一至两厘米为准。用高压锅加热，与砂锅长时间慢炖相比，由于其烹制时间较短，食物不够酥烂，也不够入味；高压锅上灶加热，听到高压锅发出冒汽的声音继续用大火烧七八分钟，然后转为中火再烧七八分钟，关火之后置于一旁自然冷却；

待高压锅限压阀不再冒汽之后打开锅盖，把烧好的乳鸽汤汁全部倒入砂锅，加入枸杞再次加热，汤汁开了之后由大火转小火炖七八分钟。采用高压锅和砂锅两次加热的方法就是既能节约时间、节约能源，又能达到食物酥烂、汤汁鲜美的目的；

打开砂锅盖子，用勺子捞掉表面的泡沫，加入调料，整个砂锅就可以上桌了。

即使是现在，很多欧洲人在谈论中国人相信补品不乏回天之力时，常会以调侃的口吻，说中国人相信吃什么补什么。其实，欧洲也何尝不是如此？撇下欧洲传统草药的"形似论"，在食物上，也大有相似之处。

乳鸽，就是其中著名的一道。

在欧洲烹调史上，野味一直被公认为最珍稀的食物之一，锦鸡、珍珠鸡、山鸡、野鸭、天鹅和鸽子，都是其中的美味，它们的肉被归为野禽类的"黑肉"，以此与"白肉"（家禽类如鸡肉、火鸡肉等）、红肉（牛、羊、猪等）区别。

利用鸽子的归巢能力，从中世纪起，欧洲的每个城堡都有饲养肉鸽的场地，以随时给厨房提供新鲜的食材，这种饲养方式的优势是，鸽子的饲料有所保证，使鸽肉的质量稳定，同时，定期的放飞，使鸽子仍拥有浓郁的天然野味的肉质。

到了 16 世纪，鸽子肉正式和风月云雨牵扯上了。一个情商极高的名叫皮撒耐里的意大利医生，提出了个神奇的说法，顿时使鸽子的身价倍增，一时间，欧洲市场鸽肉奇缺，各大城市的广场上的野鸽子，在夜间常常遭遇袭击，在一些地区，甚至出现了以肉鸽代替货币的现象。因为按照皮撒耐里医生的理论，雌雄鸽子在交配前卿卿我我、如形随影的行为，温柔持久的咕咕呼唤声、不间断地交颈接吻，都表明鸽子在性爱方面，拥有极为细腻的敏感度和不同凡响的力度。

医生的这一 "科学" 诠释，实际上只是提升了许多民间秘方的档次，自古以来，早就有人把鸽子肉当成治疗性冷淡的春药，也用来作为情爱之后的"补药"。

地中海国家的丘陵山区地带，许多以鸽子为食材的佳肴，至今仍为人们青睐。鸽子肉含有丰富的蛋白质，其少脂的特性，丝毫不妨碍它的多汁鲜美的肉质，它的口感、味

Pigeon

据说远在上古时期，人们把鸽子看作爱情使者，而非和平使者。比如在古代巴比伦，鸽子乃是法力无边的爱与育之女神伊斯塔身边的神鸟，而在当时，民间则把少女称为 "爱情之鸽"。

道和一般家禽的相对板滞比，显得细致香嫩。它笼罩着神秘光晕的特殊功能，更使人充满不可抑制的好奇，所以，鸽子，非但是真正美食家的不倦追求，也是一般食客不愿轻易放过的一道菜。

　　鸽子紧凑少脂的肉质，对厨师是一种挑战。最明智的选择，是用至少一个月但不超过三个月大的乳鸽，烹调过程中，所添加的油脂和水的比例控制，也是成败的关键之一。

西

风月无边烤乳鸽

原料
—
乳鸽2只，迷迭香枝条1条，鼠尾草叶数片，大蒜1瓣，鸡蛋1个，面包屑6勺，帕尔玛干酪粉4勺，鸽子心、肝、肫2副，柠檬皮末1小匙，肉豆蔻末、猪肉末、盐、橄榄油若干，白葡萄酒半杯

手法
———

　　乳鸽煺毛洗净，沥干水分；将迷迭香、鼠尾草和大蒜混合剁成茸，拌盐，以此擦抹乳鸽内外，腌渍一小时以上；大碗内置面包屑、帕尔玛干酪、切碎的鸽子内脏、鸡蛋、柠檬皮末、肉豆蔻末和肉末，加少量温水搅拌均匀成馅；将拌好的馅塞入乳鸽腹中，用粗棉线略缝，烹调过程中不会造成馅外泄；

　　烹调方式有两种，一为烤箱内烘烤，二为锅中焖烩，手法与效果皆大同小异；

　　取一中号烤盘或平底锅，于底部和鸽子上均撒置少量橄榄油，烤箱预热至180℃／锅直接置于火上，放入，7分钟后取出／开盖，翻面，遍喷二匙白葡萄酒。之后每隔一刻钟将鸽子翻面，同时加入少量水和白葡萄酒，在保持烤盘／锅湿润的同时，避免太多的汤汁使鸽子有被煮熟的感觉。整个烘烤／烩焖过程约为80分钟，视鸽子大小而异。收汤之后，旺火烤脆；

　　这种夹馅烤乳鸽的方式，在保持鸽肉柔软多汁的同时，肉的鲜香和帕尔玛干酪的奶味，以及各种调料形成的层次非常鲜明，这种层次感稳定了鸽肉那种意味深长的口感，恰到好处地柔和了禽肉的直率，使整道菜达到和谐平稳的境界。说到无边风月和烤乳鸽的关系，也许，更多的是一个运气问题。

食客说

同一只鸽子，不同的吃法，寄托了人们对这只鸟的各自想象。欧洲人尤其是意大利人从中看到了缱绻爱情，以为此物是能助性事的春药；中国人则从中看到了飞行与识途的神奇，以为此物是安抚身心的大补。

其实，对食材的不同处理方法近似于一种价值观。西方人追求力量，而东方人更重精神。所以，一烤一煮之间的区别极大，西方人吃肉，东方人啖汤，正是两种想法以及办法。

意大利童话里说：一个老诗人带着孙女走向巴勒莫，天空飞过一架飞机。那正是飞机刚被发明出来的年代，小孙女大喊大叫让爷爷快看。岂料老诗人头也不抬地说，我对它自有想象。用这个故事来看鸽子这道食材的烹法，也是一样。

张海龙

不能说的秘密

东 **伍子胥的城墙**

西 **维纳斯的肚脐**

东

　　每次看春节联欢晚会，最反感的就是时时刻刻在说："过年了，吃饺子！"我们南方人过年的时候从来不吃饺子，难道我们就不过年了？可能正是因为春晚，全世界都觉得中国人过年必须吃饺子。其实中国地域之广、风俗差异之大、物产之丰富，岂是一个饺子能涵盖的？这也难怪有人说春晚是地地道道的北方主义。

自古以来，北方盛产小麦，以面食为主，过年吃饺子理所当然。南方出产水稻，以大米为主，过年也有一种必备的节日食品，它不是饺子而是年糕。

它的由来有这样一个传说：春秋战国时期，苏州是吴国的国都。那时诸侯称霸，战火连年。吴国为防他国进袭，在都城修筑了一道坚固的城墙。城墙建成之日，吴王阖闾摆下盛宴庆贺，席间群臣饮酒纵情作乐。国相伍子胥对此深感忧虑。他嘱咐贴身随从："满朝文武都以为高墙可保吴国太平。城墙固然可以抵挡敌兵，但如果敌人围而不打，吴国岂不是作茧自缚？忘乎所以，必至祸乱。倘若我有不测，吴国受困，粮草不济，你可去相门城下掘地三尺取粮。"没过多久，吴王阖闾驾崩，夫差继承王位，听信馋言，赐伍子胥自刎。越王勾践举兵伐吴，将吴国都城团团围住，此时正值年关，城中断粮饿死很多人。这个时候有人想起伍子胥的话，就去挖城墙，挖了三尺多深，果然挖到了许多可吃的"城砖"（即年糕），解除了危机。

鱼米乡

南方出产大米，所以江浙一带具有丰富的米类制品。而年糕则是南方人农历新年最重要的应时食品，它也是中华民族的传统食物，起源在南方，据说是从苏州传开的。

大家才明白原来是当年伍子胥在都城督造城墙时，已做好了囤粮防饥的准备。伍子胥死前留下的这个秘密救了吴国都城的百姓。从此以后，每逢过年家家户户都做年糕，年夜饭就吃年糕来纪念伍子胥。

如此算来，年糕也有 2500 年的历史。古人对米糕的制作有一个从米粒糕到粉糕的发展过程。公元 6 世纪的食谱《食次》载有年糕的制作方法，"熟炊秫稻米饭，及热于杵臼净者，舂之为米咨糍，须令极熟，勿令有米粒……"，这里记载的年糕制作工艺与传统年糕的制作方法已一般无二，就是用黏性大的糯米或优质晚粳米，经清水浸泡透彻，然后用水磨成粉，置蒸笼中猛火蒸透，或舂或轧成大小均匀的条块状。

由于年代的关系，我们这个年龄正好经历了年糕由传统制作到现代加工的演变过程。很小的时候，年糕还是属于纯手工制作阶段。过年前，各个村居都会有年糕制作点。我最喜欢的是到外公的村里看打年糕。这个时节一定是村里最忙碌的日子，家家户户都飘出一股米香。

备好的米浸泡好之后，先上石磨磨成米浆，这种活儿一般是妇女干的，用勺子把米和水舀进石磨上的小洞，推动石磨转动，洁白的米浆从石磨的出口流出来，米浆晾干之后上柴灶大火蒸。蒸好之后就到了最激动人心的时刻，随着一声吆喝，有人端着热气腾腾蒸笼出来了，我们会趁机讨一些蒸好的米团吃上几口，一种米香入口纯糯无比，至今难以忘怀。

蒸好的米团倒入石臼，有一个壮汉手举石杵上下挥舞，当石杵举起时需有一个人配合，及时把石臼里米团进行翻转。一边是号子声，一边是舂米响，几番下来，米团被打得黏性极强，这个时候就可以上年糕印子板，压成带有"福""寿""吉祥如意"等等文字和花纹图案的条块状，有的还捏成"玉兔""白鹅"等可爱的动物形态。

年糕制成之后，上竹匾晾干，然后就可以高高兴兴地拿回家了。后来这种制作工艺慢慢少了，变成自己带上米到年糕机器加工点排队，制作时间由原来的一两天变成一两个小时，机器里轧出来的年糕虽然还是条块状的，但是或是扁扁的，或是圆圆的，也实在长得丑了很多。再后来，连参与加工也不做了，直接到超市里去买现成的。虽然时间节省了不少，童年看打年糕的那种乐趣也少了很多。

梭子蟹炒年糕

原
料

主料：
梭子蟹 1 只（250 克）
年糕 1~2 条
葱、姜、蒜少量

调料：
食用油、黄酒、生抽、蚝油、
盐、糖、鸡精等

东

**手
法**

　　梭子蟹洗净剥开壳，先用刀从中间切成两段，剁下两只大钳子用刀背将其敲碎；去掉蟹两边的鳃和中间的嘴等，每半段再切成两至三块，一般的切法是一只蟹脚带一块蟹肉；

　　年糕切成薄片，如果年糕比较硬，可以先在开水中烧两三分钟，再用冷水冲凉，沥干后备用；

　　锅烧热，倒适量油，放入葱姜蒜煸香，再倒入梭子蟹块一起翻炒，加入料酒去腥，加少量的水煮至沸腾；

　　锅里放入年糕片，与梭子蟹一起翻炒一会儿，再加入生抽、蚝油和少量的水，煮至入味；

　　大火收汁，出锅时放入适量的盐、糖、鸡精，撒上葱花，就可以装盘开吃了。

酷爱地中海美食的人，一定听说过意大利的艾米利亚—罗马涅大区：美食的人间天堂。即使人们对它的地理位置、人文历史不甚了解，但肯定熟知它的帕尔玛火腿、意式肉肠、萨拉米肠、意大利千层面、摩德纳香脂醋，而这些美食中最有名的，当推意大利饺子（tortellino）。

这类饺子不但美味且颜值极高，用鸡蛋白面擀成的轻柔饺子皮，裹着细腻的馅儿，在无色高汤里优雅地浮动，婷婷袅袅，泛着淡淡的清新黄色，如同一朵朵精致玲珑的小木香花。这貌似柔弱单纯的小小花朵，在唇齿之间停留片刻，已是令人心醉的无穷回味，和它丰富的馅儿一起，裹入了这片丰饶土地上的神话、历史、传奇和诗。

一切都要从阿莱桑德罗·塔桑尼（Alessandro Tassoni）说起，这位出生贵族家庭、幼年失去双亲的诗人，在 17 世纪写下器宇轩昂、风采异常的战争英雄史诗。像许多欧洲古典时代的史诗中叙述的一样，战争的起源往往是不足挂齿的小事，诗人描述的博洛尼亚人与摩德纳人的战争，竟从一只古井中的木头水桶开始。

Tortellino

意大利饺子在西方世界的地位不亚于饺子之于中国。它属于意面的一种。不过，意饺的馅料可是"不同凡响"：山羊奶酪、南瓜泥、甜菜等等，搭配各种蘑菇汁、奶油汁，再辅以洋葱、柠檬皮、肉豆蔻……

博洛尼亚人袭击摩德纳，大败，反被摩德纳军队直追至境内，摩德纳人为奚落敌人，作为战利品，拿走了那只木水桶，这就是著名的"被掠夺的水桶"事件，使博洛尼亚人向摩德纳正式宣战。这场尘世间的战争，如同古代所有的战争一样，不可避免地惊动了奥林匹亚山上的神仙们，他们在不可推卸的责任感面前，势均力敌地站在了对立军的两方阵营中。其中有爱神维纳斯、酒神巴尔科斯和战神马尔斯等。

饺子的传奇，从爱神维纳斯歇脚的小客栈里有了开端。从英雄史诗延伸开，岔出了许多相关说法，但无论哪种版本，在这个故事中，客栈老板，扮演的角色实在暧昧。有说他被维纳斯的美貌所惑，情不自禁地从门缝偷窥，但看到的仅仅是女神诱人的肚脐眼；有说维纳斯次日清晨醒来，衣衫不整，客栈老板神魂颠倒，手拿一块柔软的面皮，覆盖在她的美脐之上，奢望复制它的完美。

所有的神话中，女神们如风中云彩，总是来去无常。客栈老板的乾坤，从此却被裹在了一个肚脐眼中，他每日守着简陋厨房中的案板，在擀得薄如蝉翼的鸡蛋面皮上，将馅料一一摆好，面皮折成三角形，对角轻轻一捏，花朵般的饺子小巧雅致，而最令人回味无穷的，就是它中间那个圆润玲珑的小孔，美其名曰"维纳斯的肚脐"。

由"被掠夺的水桶"引发的战争，早就被时光稀释淡化了，但至今，博洛尼亚人和摩德纳人对饺子是谁家发明的，仍唇枪舌剑，喋喋不休，其中主要原因还是和那个维纳斯歇脚的小客栈脱不了干系。

科罗纳客栈位于为一只水桶打仗的两个城市交界处，现属摩德纳省，但 1929 年之前，是博洛尼亚省的地盘，故两地都有充足的理由说自己是意大利饺子的发源地。不管怎么争论，可在饺子的食材选择和制作、烹调手法上，两地却没有任何分歧。

饺子皮用的是艾米利亚大区最传统，也是最有代表性的鸡蛋面皮，用 100 克面粉一个鸡蛋擀成，禁用水来和面；馅儿，则以猪脊肉、帕尔玛火腿肉、意式肉肠 mortadella、两年陈的帕尔玛干酪粉，调和适量豆蔻粉构成。

意大利饺子最典型的做法是下在熬的肉汤里，是地中海沿岸许多国家的圣诞节大餐头道之一。

饺子的面皮、馅儿固然重要，但只是决定这道菜是否美味的一半，另一半，则取决于肉汤的用料和熬煮。

　　最传统的肉汤有两种，阉鸡汤或母鸡汤，以胡萝卜、欧芹和煎至金黄色的洋葱为调料，前者鲜美清淡，后者醇厚浓郁，各有千秋。讲究的做汤法，还需在锅中添加牛肋骨肉、牛膝盖骨等。

　　这样的汤熬到一半，洋溢出来的香气，就会使人情不自禁，心里唯一盼望的，就是看着花朵般的饺子在汤中荡漾，于是，食客的乾坤，也如同当年客栈老板一样，被局限在了那圆润玲珑的小洞——维纳斯的肚脐里了。

意式饺子

西

原料

面粉
鸡蛋
猪脊肉
帕尔玛火腿肉
意式肉肠
帕尔玛干酪粉
豆蔻粉
胡萝卜
欧芹
洋葱
鸡肉

手法

以 100 克面粉与一个鸡蛋擀成鸡蛋面皮；

将馅料摆在面皮上，面皮折成三角形，轻捏对角，中间留出小孔；

在鸡汤中加入胡萝卜、欧芹和煎至金黄色的洋葱熬煮；

将饺子下在肉汤中。

食客说

因为一场"艳遇"，客栈老板用轻薄柔媚的面皮描摹出了绝美女神维纳斯肚脐的妙处，然后他发挥各种想象，找到了面皮的"最佳搭档"——将精致的肉沫、香艳的火腿、干鲜的肉肠、浓香的干酪粉和有着满满温情的豆蔻粉包裹其中，填满了那个圆润玲珑的小孔。如果他遇到的不是爱神维纳斯而是战神雅典娜，结局是什么，还真不好说！战神嘛，脾气可能不如爱神好，老板拿着面皮"复印"脐眼儿时也要掂量掂量。客栈老板真是幸运，不但见到了爱神的真容，还脑洞大开，创制了流传千古的意大利饺子。在高汤中沉浮的"维纳斯的肚脐"，原本就有着让人无法抵御的诱惑，再加上那些故事，食客们咀嚼起来，味道里又有了几丝"暧昧"。

意大利饺子在中国有个"近亲"——馄饨，它的身世也和一位美女有关。据说，当年女间谍西施决定以身报国，色诱吴王。吴王整日山珍海味，最后吃什么都没了胃口。西施为了取悦吴王，用面皮包裹菜肉，鲜汤氽熟，做成了一道点心。吴王吃了大赞，问是什么点心。西施想到昏君无道，便答道："馄饨！"日复一日，吴王在美女面前变得越来越混沌，最终葬送了江山！

今天，西施早已经不在了，但包裹着报国情怀的馄饨却流传下来，并成了冬至的时令美食。在杭州，冬至人们一般吃年糕，"吃了年糕年年高"，为的是讨个好彩头。芝麻糖粉拌年糕朴素简单，青菜、雪菜肉丝年糕新民家常，升级版"梭子蟹炒年糕"则多少有点贵族气。金红的蟹块中隐藏着洁白如玉的年糕，绿色的葱末与金色的蟹黄争奇斗艳，不论是嚼一块肥美的梭子蟹，还是吮一吮包裹着鲜美的汤汁的年糕，那快意都让人无法停箸。

在我们品尝的美食中，像意大利饺子、中国的馄饨、年糕这样有故事的角色其实不在少数，它们的文化内涵比它们的美味更加厚重。如果我们在品尝它们的时候能让自己的思绪稍做停留，或许就能发现它们所包裹的乾坤，那可能是一段深藏的历史，可能是一个美妙的传奇，也可能是一首美丽的史诗，或者是一次美妙的"艳遇"。

高蕾

这一刻
好时刻

（东） 蛰伏一冬，咬个"春"

（西） 嚼入嘴中的夏日风情

说起春卷，中国人没有不熟悉的。春卷又称春饼、薄饼，是中国民间节日传统食品，流行于中国各地，江南地区尤为风行。

春卷用干面皮包馅心，经煎、炸而成。它由立春之日食用春盘的习俗演变而来。据晋代周处《风土记》记载"元旦造五辛盘"，就是将五种辛荤的蔬菜，供人们在春日食用，故又称为"春盘"。

　　到了立春这一天，人们就将面粉制成的薄饼摊在盘中，同时配上精美蔬菜食用。由于其简单方便、营养卫生，后来春游也带上"春盘"。

　　到了唐宋时，"春盘"的"内容"有了发展变化。《四时宝镜》称："立春日，食芦菔、春饼、生菜，号春盘。"经过几代发展，日趋精美；到了元代已有关于包馅油炸的春卷记载。著名诗人杜甫的"春日春盘细生菜"和陆游的"春日春盘节物新"的诗句，真实地反映了唐宋时期人们这一生活习俗。宋代周密《武林旧事·立春》记载："后苑办造春盘供进，及分赐贵邸、宰臣、巨珰，翠缕红丝、金鸡玉燕，备极精巧，每盘值万钱。"

　　立春吃春卷一直是我国民间的传统习俗，就像端午吃粽子，过年吃饺子、年糕，千百年来在人们的生活中传承和创新。春卷除了表达迎接新春的意思以外，还因为春卷里面含有大量春天新鲜的蔬菜，营养价值高，受到人们的欢迎。

　　说到中国传统食品的国际化，还有一位被称为"薄饼大王"的新加坡华人魏成辉，他生产的Spring Home牌春卷90%出口到全球49个国家。

咬春

正如美食大家梁实秋所说"大抵好吃的东西都有个季节，逢时按节地享受一番，会因自然调节而不逾矩"。

"咬春的本意是生吃萝卜，因为萝卜被誉为"大地之根"且味辣，取古人"咬得草根断，则百事可做"之意。后来大家把立春这天吃春饼、春卷也一起称为咬春。春回大地，嫩葱先出，各种春季蔬菜也陆续上市，菠菜、莴笋、韭菜、春笋，蛰伏了一冬的身体终于迎来尝鲜食绿的好时节。

小小的春卷能够成为风靡世界的快餐食品，我觉得原因有三：一是春卷的馅料以新鲜蔬菜为主，营养美味，符合现代人绿色健康的生活理念；二是春卷采用薄饼皮＋馅料的组合方式，简单而又富有变化，能够满足各种人群的不同口味，具有其他食品所不具备的丰富性和多样性；三是春卷属于点心类食品，能够进行工业化、标准化大生产，而且加工快捷、食用方便，符合快节奏的都市生活。

正因为春卷具有简单而又富有变化的特点，在中国各地春卷的品种和花样远胜于饺子、年糕、粽子等节日食品。按地域分，有名的有江南春卷、上海春卷、饺饼筒、来安春卷、闽南春卷、莆田春卷、湘宾春卷等；按馅料和做法分，有炸春卷、素春卷、芥菜春卷、豆皮春卷、豆沙春卷、蟹柳春卷、鸡肉鸭肉春卷、坚果春卷等。

食品是一个地域物产、地方习俗、生活习惯等综合作用的结果，它承载了一个地区、一个时代的生产方式和生活理念。春卷这一个古老食品为何能够历久弥新，远渡重洋，广播海外？这个现象值得我们深思。

主料:
春卷皮、五香豆腐干、
猪肉、卷心菜、春笋、
豆芽、胡萝卜、淀粉
适量

调料:食用油、酱油、
盐、糖等

东

江南春卷

手法

五香豆腐干、卷心菜、春笋、胡萝卜洗净,切丝,豆芽洗净备用;猪肉洗净、切丝,放入碗中,加入酱油、淀粉拌匀并腌制 10 分钟;锅中倒入适量油烧热,放入肉丝炒熟,盛出;

用余油把馅料炒熟,再加入肉丝及盐、糖炒匀,最后浇入水淀粉勾薄芡即为春卷馅;

把春卷皮摊平,包入适量馅,卷好。可用蛋清把包好的春卷封好口。放入热油锅中炸至黄金色,捞出沥油即可。

刚到罗马时，浑身上下充满了"一日看尽长安花"的强烈欲望，拿着一本翻得软塌塌的《欧洲艺术史》，一有空就在大街小巷里转，在博物馆、画廊、教堂、宫殿里出入，像是企图追赶上早已逝去了的时光脚步。

　　沿着一条窄街走向鲜花广场（Piazza Campo dei Fiori）——罗马唯一没有教堂的广场。这个从中世纪开始作为刑场的地方，无数人的生命在这个拥有诗意名字的地方刹那间烟消云散，他们当中最著名的是乔尔丹诺·布鲁诺，16 世纪杰出的思想家和科学家。但从 19 世纪中叶起，鲜花广场却成了名副其实的集市，除了众多出售花卉、蔬菜和农副产品的摊头之外，周边密集的典型小饭馆和小吃店，多颇有古风，是来这座城市寻觅美食的吃客不可错过之处。

随着一股新鲜的油炸香味，来到了一个窄小门面的"炸坊"，玻璃橱窗里琳琅满目：面拖的腌北欧鳕鱼条有着强烈的深海鱼特殊的浓香，香得有点霸道；个头茁壮的肉末馅绿橄榄，被塞得鼓鼓囊囊，炸成姜黄色的小丸子；做成小圆柱形的掺黄油、干酪和少量肉豆蔻粉的土豆泥，滚上干面包屑，炸完的颜色是明亮的金黄色；而西西里特产炸鲜酪海鲜米饭团，因它的形状和颜色，被叫作"小橙子（Arancino）"。

众多油炸美味中，最有个性的是一种黄绿相间的条状油炸物，在其他食物的规则形状和均匀色彩衬托下，有种孤芳自赏的高贵气质，它那恰到好处的金黄、淡黄、深绿、碧绿集一身的色彩，在一堆堆黄色调子里有着说不尽的优雅，细长的轻盈身形，也显得婷婷。于是，指着它，结结巴巴地问店主究竟为何物，答道："炸知了。"

不能相信是店主的口误，只能觉得自己没听明白，便再问。店主一脸狡黠的笑意，从柜台后走出，到门口，指着门外一棵巨大核桃树的浓荫，那里蝉儿们正不经意地唱唱停停，歌声里似有不愿一语道破的禅意。

"知了，就是在树上唱歌的那些……"话到此处，心中不由一热，大有"天涯若比邻"的感觉，终于找到了与咱在食材利用方面可以媲美的民族了！

Cicala

轻薄焦脆的面皮，在舌尖顿时化为一朵轻轻的云彩，薄薄花瓣的清香和柔软在口中依稀可辨，随之而来的是浓郁奶香。

花开花落随着蝉鸣蝉息，花非蝉，居然亦可为蝉。

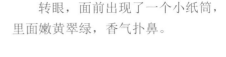

转眼，面前出现了一个小纸筒，里面嫩黄翠绿，香气扑鼻。

"这……谢了，从不吃知了……"

"不尝怎么知道不爱吃？"仍是笑意盈盈的，让人无法拒绝。

于是，众目睽睽下，闭上眼睛，狠狠向"知了"咬下去。轻薄焦脆的面皮，在舌尖化为一朵轻轻的云彩，咽下去的仅仅是一份香醇，花瓣的清香和柔软在口中依稀可辨，随之而来的是浓郁的奶香，半融化状鲜酪的甘甜与微咸松脆面皮的平和境界，突然被盐渍小凤尾鱼的强烈与鲜美打破，它如同乐队中异军突起的铜号，将整个乐章迅速推向高潮。

其实吃到的是炸西葫芦花，罗马地道小吃，俗称"炸知了"。

这种雅俗共赏的小吃，食材简朴廉价，烹调难度不高，不仅是春夏家常佳肴，在许多高档餐厅里，经常充当昂贵的时令餐前菜。它唯一的要求，就是确保食材的新鲜程度。

炸"知了"

原料 主料：
——— 西葫芦花、小凤尾鱼

配料：
淡味奶酪莫扎莱拉
（mozzarella）、盐、
酵母、橄榄油、面粉

西

手法

———

当日清晨采摘的西葫芦（北瓜）花，小心地择除花蕊和花梗，洗净沥干；新鲜的淡味奶酪莫扎莱拉（mozzarella），手撕成棉絮状；油渍腌小凤尾鱼，分成小块状；酵母溶于水后，掺入适量面粉和盐，搅拌为不稀不稠的面糊，放入冰箱内醒若干小时（可加入少量啤酒，以加强油炸表层的酥松度）；

将油渍腌小凤尾鱼裹在淡味奶酪莫扎莱拉中间，填入西葫芦花内；将花在低温的面糊内滚动，使面糊充分均匀地裹满花；热油烧至75℃左右，下花，炸至金黄，在吸油纸上沥干，即可。

轻薄焦脆的面皮，在舌尖顿时化为一朵轻轻的云彩，咽下去的仅仅是一份香醇，薄薄花瓣的清香和柔软在口中依稀可辨，随之而来的是浓郁的奶香，半融化状鲜酪的甘甜与微咸松脆面皮的平和境界，突然被盐渍小凤尾鱼的强烈与鲜美打破，它如同乐队中异军突起的铜号，将整个乐章迅速推向高潮。

花开花落随着蝉鸣蝉息，花非蝉，居然亦可为蝉。

食客说

在中国，吃春卷的习俗由来已久，它有迎春、祈盼丰收的意思。春卷皮虽薄但内涵丰富，包裹了人们心中的一切美好。

春卷可以烙制，也可以蒸制，它从晋代饼里只包裹五种蔬菜，到后来发展为人们喜欢吃什么，都可以包裹其中。清代美食家袁枚在《随园食单》里也给春卷"画"了一幅"标准像"："薄若蝉翼，大若茶盘，柔腻绝伦"。不要以为春卷只是寻常百姓家餐桌上的饭食，它也在皇家的餐桌上占有一席之地，清朝的满汉全席一百二十八道菜点中，炸春卷是九道点心之一。

高蕾

同样是油炸的小点心，"炸知了"却是极虚化的叫法，因为其中并没有知了，和"老婆饼没有老婆"的段子有异曲同工之妙，让人不禁莞尔。看来食品的命名，中西方大有相似之处，往往采取形象联想的手法，诸如蚂蚁上树"狮子头"之类。而另一类品名的来源，则与历史典故有关、比如杭帮菜中当家的"东坡肉""宋嫂鱼羹"。品尝一地的美食，不可不留意那些名字奇特的品名，往往可以由此触及当地的历史文化。

楼含松

今晚到厨房夹一筷子眼色

东 炖一锅酸甜江南

西 国色天香，都比不上这份红绿配

如果用食物来做比喻，我想爱情应该有三种滋味：酸酸甜甜的是初恋的味道，犹如酸奶一般让人欢喜让人忧；处于热恋中的男女，热情似火，就像巧克力一样甜得发腻，爱得发疯；后来的故事越来越像凉茶了，有一种淡淡的甜味，一种淡淡的苦味，拒绝上火，归于平静。

在中国，情人节正好遇上了春节。国人讲究多，到这些特别的日子就更讲究了，吃的、喝的讲究的就是图吉利，好彩头。无论是年菜还是情调菜，我想鱼一定是少不了的：鱼的寓意是年年有余，不同的做鱼也有不同的说法，做鲤鱼是鲤鱼跳龙门，做鲳鱼是生意昌盛，做鲢鱼则是连年有余……

今天做的这个番茄鱼，满碗都是红红的番茄汤汁，这酸酸甜甜的感觉加上红红火火的节日，如果让我推荐一道爱情的大餐，那非它莫属了。

做菜与过日子一样，看起来简单其实里面有很多门道。番茄鱼菜色美，味道鲜，但要做得好还是需要一些窍门的，一旦掌握了，便可成为个中高手了。在刚学做番茄鱼的时候，自己做的番茄鱼鱼片入口感觉总不够嫩滑，鱼片干涩，一夹就破碎。而鱼馆做的番茄鱼有的还长时间用明火烧，鱼肉依旧新鲜，不易变老。这其中的窍门在哪里呢？

一次偶然的机会让我知道了其中的门道。那是一次在浙西山区的一座小城出差，晚上闲着无事与几个朋友相约喝点酒。晚上下着小雨，颇有些凉意，平日喧闹的美食街空空荡荡的。我们走进了一家小餐馆，里面空无一人，点了番茄鱼等几个小菜，番茄鱼上来大家一尝果然非常鲜美无比。

江南时令

老时光里，江南人都会有一张"吃鱼时间表"：正月菜花鲈、二月刀鱼、三月鳜鱼、四月鲥鱼、五月白鱼、六月鳊鱼、七月鳗鱼、八月鲃鱼、九月鲫鱼、十月草鱼、十一月鲢鱼、十二月青鱼。旧历江鲜无限好，看看餐桌便可知时令光景了。

当时在座的男人都是厨艺爱好者，大家都十分好奇番茄鱼片如何做得嫩滑，于是便一同向厨师讨教。厨师说其实也很简单，就是鱼片事先一定要加工过，把鱼片放在盆里，加盐、鸡精、生粉，加少许清水，用手不停地抓、捏，再加蛋清，直至鱼片变稠变黏，这样反复多次，15 至 20 分钟便成了。

番茄鱼属于浙江传统名菜，营养丰富，酸甜可口，对于不喜欢鱼腥味的人来说真是一种独特的美好享受。这么多年，番茄鱼无论是在餐馆还是自家的厨房都依旧红火，记忆挥之不去，怕是江南的酸甜滋味也尽炖在这一锅之中了。

东

番茄鱼

原料

主料：
番茄、黑鱼

配料：
番茄酱、姜片、葱、白糖、
鸡精（1汤匙）、盐、油

手法

黑鱼半条约 500 克，去皮、剔骨、剔刺，
鱼肉部分做成薄鱼片，鱼骨、鱼皮与鱼片分开；

鱼片中加入适量鸡精、糖、一点点盐，倒
一些黄酒，用筷子搅拌，腌制 15 分钟；番茄去
皮，切成薄片；

炒锅加油，倒入姜片翻炒，再倒入鱼骨、
鱼皮，加料酒翻炒；待到鱼骨、鱼皮变色，倒
进番茄翻炒，炒出沙来，然后加一大勺清水，
锅盖合上，大火炖 15 分钟后倒入番茄酱，搅拌
均匀，使汤汁变浓；

用筷子把腌制好的鱼片放入番茄汤中，注
意不要把腌制鱼片的汁带进去。大火煮一小会
儿，鱼片变白色后，加入盐、鸡精、白糖，撒
上葱花，装入大碗即可。

文堤米利亚（Ventimiglia），意大利利古里亚大区温和湿润的海滨小城，是嗜鱼美食家的天堂，在这里，一年四季都能找到各种各样的"野鱼"吃，当地人将由渔民出海捕到的鱼，亲切地称为"大海的鱼"，以此来表示对养殖鱼的不屑。

既然是出鱼的地方，自然也是吃鱼的地方，但文堤米利亚烹调海鲜和海鱼的方式却相对简单朴素，"对于刚从海里捞起来的鱼来说，任何过多的调味品都是对它的侮辱"，会做鱼的厨子这样来解释他们的烹调理念，诚如相爱之人的相处之道。

一款"朴素"到了极点的红金枪鱼，是文堤米利亚美食的航标灯。

从中世纪直至 20 世纪 90 年代初，捕获红金枪鱼是地中海沿岸渔民的重要产业，主要采用围网捕鱼法——人类发明的最古老、最有效的捕鱼方式之一。围绕着这种捕鱼方式，不仅产生了一整套技术手段，而且也形成了当地民俗和传统的重要内容。

红金枪鱼，一般长度可达 2 米，重量在 250 千克左右，在地中海沿岸出现的频率越来越低，春末夏初时，少有渔船捕到，大鱼一拉上船，就被直接加工储存，及早运到日本市场，以赢得暴利。偶有"漏网小鱼"，被当地渔民捕获，在鱼市上露面，更多的时候，会被渔民直接送到当地熟悉的餐馆。

从南北极冰凉的海水出发，成年红金枪鱼跋涉万里，游到地中海温暖的水域中产卵。当地的渔民，从开春，就用棕榈树纤维织成围网，在经验丰富的"渔王"的指挥下，严谨细致地做好下网区域、日期、渔网的长度宽度和捕工、船工的具体人数和位置等每个环节的准备工作。

待成群结队的大红金枪鱼全部进入围网之后，"渔王"下令开始提网，随着渔网的升高，金枪鱼逐渐被迫接近水面，手拿鱼叉的渔民，这时才开始最危险也是最有成就感的工作——捕捉巨大的金枪鱼，有时需要八个人用尺寸不同的鱼叉，才能将几百斤的鱼成功叉上船。

Ventimiglia

文堤米利亚是意大利利古里亚大区因佩里亚省的一座城市，位于意大利西北部的利古里亚海岸沿岸靠近意大利与法国边界，被称为"意大利的西大门"。

当围网中所有的金枪鱼都被捕捉上船，"渔王"会按照古老的仪式，摘掉头上的鸭舌帽，高呼："赞美我主！"所有的渔工随其呼声回应："我主！我主！"并赤身投入染血的海水中，欢呼跳跃，溅起血红的浪花，以祈求来年捕鱼季节的好运。

随着红金枪鱼迁徙路径的变化、现代科技在海洋捕鱼业中的使用，以及没有限度、没有尺寸的大肆捕捉，这种被称为"海猪"的珍贵鱼种正逐渐在地中海消失，有几个世纪历史的围网捕鱼的壮烈场景，也成了渔人们的记忆。

四

薄荷松子酱红金枪鱼肚肉

原料

主料：
600 克红金枪鱼鱼肚肉

配料：
初榨橄榄油、柠檬汁、大蒜、小葱、现碾黑胡椒、盐

薄荷松子酱用料：20 片新鲜薄荷香叶、20 克松子、200 毫升初榨橄榄油、现碾黑胡椒、盐

手法
———

取一深盘，加入橄榄油、鲜蒜薄片、盐、黑胡椒、葱末和柠檬汁，搅拌均匀；

将处理成手掌大小的红金枪鱼鱼肚肉放入调好的混合汁内，浸泡半小时，中间翻一次。腌渍鱼肉时，注意浸泡时间不要超出半小时，否则柠檬汁会将鱼肉腌老。

制作薄荷松子酱：薄荷鲜叶洗净沥干，依次将薄荷叶、松子、盐、胡椒末置入厨房搅碎机的杯中，最后倒入适量橄榄油；启动搅碎机，两分钟左右，再倒入适量橄榄油搅拌，如此重复数次，直到杯中材料搅成油润且具有弹性质感的薄荷酱。制成的酱宜置入玻璃容器中，在冰箱冷藏待用。

将生铁烤板或不粘锅在火上加热，浸好的鱼肚肉滴净浸汁，每面在烤板上烤三分钟左右，视鱼肉的厚薄灵活掌握。最理想的火候是，当烤好的鱼肉被切开时，中间应呈现出娇嫩的粉红色。

将烤好的鱼肚肉斜切为条状，厚度最佳尺寸为 1.5 至 2 厘米，装盘之后，在上面均匀地撒上新鲜的薄荷松子酱，饰以薄荷鲜叶。

这道菜色彩缤纷，颜值极高，口感饱满丰富，层次分明：腻滑轻柔的鱼肚肉，在唇齿间丝毫没有一般大型海鱼的粗糙感，紧凑的肉质被膏脂晕染开，带上了浅红色花瓣的丝绒感；松子酱芬芳怡人的松脂味道，去除了舌上刚刚萌生出来的一点点腻意，使人将视点从大海迅速移向高山，最后，率真明快的薄荷香气，将人引入朗月当空、清风徐来的境界。

几次试做这道难度并不大的金枪鱼，但那种在文堤米利亚尝过的鲜嫩多汁、娇柔如脂的清香鱼肉，却始终无法在厨房中重现。苦思冥想不得其解，一日跟居住港口城市热那亚的朋友谈起，才解开了这个谜：此鱼非彼鱼矣，此肉亦非彼肉也——市场上和一般餐馆里找到的"饲养"红金枪鱼，失去了在地中海温暖波浪中畅游的"野鱼"的自然品性和味道；而布满美丽大理石色彩和纹路的鱼肚肉，在此集中了占整条鱼重量10%的脂肪部分，也自然就更称得上千金难觅了！

食客说

西方情人节前，在这特定的时间，加上标题的诱导，看到这两篇关于鱼的美食美文，我脑海里首先浮现的竟是北欧著名童话《美人鱼》，哦对，还有正在热播的周星驰的同名影片。随后想到的是《聊斋》中的《白秋练》、越剧《追鱼》、成语鱼水相欢、相濡以沫……反正都是和爱情相关的一连串意象。抱歉！我想多了，还是谈吃吧。

从进化史的角度看，鱼是我们人类的远祖，不知是否因此，鱼成为人类食物谱系中的高端物种。冯谖感叹"食无鱼出无车"，就是要争取高级待遇；孟子虽说"鱼和熊掌不可得兼，舍鱼而取熊掌"，毕竟也是拿鱼和珍稀之物熊掌做比较，并没有因此降低鱼的身价。张爱玲《红楼梦魇》开篇提到的"三大恨事"，即"鲥鱼有刺，海棠无香，红楼未完"，也拿鱼来说事儿。

汉语中，"鱼""余"谐音，于是鱼又成为一个具有吉祥意涵的文化符号，逢年过节，餐桌上必不能少的是鱼，寓意"年年有余"。

穷人家实在买不起鱼，只得用木头削一条假鱼，端上桌来。农村打年糕，总要捏出几条鱼形年糕，摆上祭祖的案头。

江河湖海，是鱼儿自由游弋的家。然而，随着人类不知餍足的攫取，水环境的恶化，鱼类资源正在逐渐减少，野生鱼类濒临灭绝，地中海的金枪鱼，东海的大黄鱼，已经十分稀少。好在随着生态意识的觉醒，环境保护观念的加强，人类与鱼类的关系正在改善，多种保护鱼类资源的措施正在推行。从根本上说，人类需要节制口腹之欲，才能做到"年年有鱼"。

说回情人节，不知在杭州能否吃到"薄荷松子酱红金枪鱼肚肉"？如果难觅金枪鱼，那就为心爱的人做一道"番茄鱼"吧。而身在杭州，最方便的，就是和爱人找一家地道杭州菜馆，点一份"西湖醋鱼"，同样也能体会到"酸酸甜甜"的爱情滋味！

高蕾

你的甜蜜打动了我的心

东 一窝甜蜜的糖氽蛋

西 可心的可，天生丽质的丽

东

“上次晚上套儿（女朋友）来我屋里吃了碗饭
她窝（说）你个（的）奶奶来不来动（在不在）她个（的）房间？
你想做啥？啊？你表（不要）乱想！哦！
实在我想吃你奶奶烧个糖氽蛋
我虽然背（不会）烧饭，但是你还表（不要）小看
你有没吃过老子烧个菜泡饭？
套儿（女朋友）朝我看，嘴巴张张开，
像你这种水平只好烧烧囫囵蛋……”

这是多年前杭州本土乐队口水军团的一首歌，名字叫《碎烦》，表现了男女朋友之间无厘头的一段对话，女孩子表示想吃他奶奶烧的糖氽蛋，男孩子表示自己菜泡饭烧得很好，但还是被女孩子无情地嘲笑了一通。

小时候每到逢年过节，跟着父母走亲访友，最为期待的就是主人家会端上一碗糖氽蛋。糖氽蛋由主人家的奶奶或者妈妈亲自下厨房烧制，做法是将水烧热后，打蛋进入沸水中，成型后盛起来放入冰糖、白糖、红糖，也有加入酒酿和桂圆等。待烧好端上来的时候，碗里会有两个蛋，寓意为一对，表示吉祥如意。手艺好的人家做出来的糖氽蛋外表洁白，咬上去口感爽滑，鸡蛋里还带有溏心。

我作为到别人家做客的孩子一般不敢多说话，恭恭敬敬地把点心吃完，然后心满意足地回家去了。

在江浙沪一带，糖氽蛋是逢年过节招待客人最常见，也是重要点心之一，以味美汤甜代表对来宾的尊敬，同时寓意主人家庭幸福甜美，是孩子们喜欢的点心之一。

糖氽蛋与很多点心一样看起来很简单，其实做起来很难，做得好不好全凭经验，可以试着各种做法，找一个自己适合的方法。

糖氽蛋

糖氽蛋各地叫法和做法略有不同。杭州人叫糖吞蛋，苏州、上海一带叫水铺（普）蛋，也有的地方叫糖水蛋或者糖水荷包蛋。

关于糖氽蛋的问题曾经在网络上引起争论，这也是继豆腐脑是甜是咸之后又一甜咸之争。

楼主原帖内容是这样的：

有喜欢吃糖水荷包蛋的吗？我完全忍不了！

有一次在山东的同学家过生日，她妈妈特地给我、她还有另外一个姑娘煮了糖水荷包蛋……完全吃不下……真的差点吐出来……荷包蛋要蘸酱油或者咸东西吃才对头啊，不是么……

对这一议题，网友一下炸了锅，回复五花八门：

@ **萝莉脸女王心的子然**：荷包蛋在我的固执概念中有油花花的赶脚……

@ 瓦男刀疤六： 同样困惑啊……真的有煎完的荷包蛋再放水里煮的吗？除了餐蛋面……

@ 殇烬陌路： 居然还有糖水荷包蛋这么一味菜？请问这菜是让人开胃的么……

@zoe123： 我是纯种北方人，和姥姥聊起糖水荷包蛋的问题，姥姥大呼怎么可能？能好吃吗？？等我提到南方一些地方的豆腐脑也是甜的时候，姥姥叹气说道更没法吃。

@ 我不爱吃豆子： 地域差异，我第一次听我老公说他要吃糖水蛋的时候吓了我一跳！

@ 大鸣鼎鼎： 不是这样的么？甜甜的多好吃！

@pharos- 提灯： 冰糖荷包蛋˜最爱˜˜一定要溏心的哦˜˜˜

@ 司木思： 三岁的时候每天的早饭就是两个糖水鸡蛋……

@ORZ 囧神： 话说在小时候物质匮乏的年代，糖水荷包蛋那可是对尊贵客人的待遇，只有在生病的时候才有可能破例尝一回。

@ 麦田守望者小新： 糖水荷包蛋味道不错。有些地方在生过小孩子之后用红糖水做，据说补身体。楼主只是不习惯而已啦。每个地方有每个地方饮食习惯。

糖氽蛋

原料

主料：鸡蛋 1 个
调料：白糖 / 冰糖 / 红糖、水

东

做糖氽蛋，有很多种方法，各地稍有不同：

方法①
用一个碗，盛半碗冷水，把鸡蛋打入碗中，不要把蛋清蛋黄弄破。锅加水适量，水烧开后，慢慢把碗中的鸡蛋徐徐倒入锅里，煮几分钟，然后把煮好的荷包蛋盛入碗中加糖适量即可。

蛋去壳倒进锅里的时候，蛋要靠近锅里的水，慢慢倒进去，否则鸡蛋容易散掉，形状就不好看了。煮的时间不要太长，以免把鸡蛋煮得很老，影响口感。

方法②
把锅里加水烧到八九成开，蛋去壳后放进锅里，煮到七八成熟，再将蛋和一部分水盛进碗里，最后加白糖就可食用了。

方法③
碗里倒满开水，敲破鸡蛋放进碗里，等它稍微有点凝固，盖上盖子放到微波炉里用高火加热。一般情况下，几个鸡蛋加热几分钟。这里要注意的是放进微波炉前用牙签在蛋黄中戳个洞，可以防止蛋爆破。

几场秋雨之后，树叶每日都洋洋洒洒地落下，而天色，也紧随着树冠凋零的脚步，从寂寥会突然变得昏暗。幸运的是，人尚未来得及郁闷，橙黄色的街灯，就一盏接一盏地亮起来，与巴黎街头巷尾无数间酒吧咖啡馆的暖色调光晕，交相辉映，给人一种极有安全感的温柔。

这个时间段，也许是深秋初冬最难将息的了。窗外华灯初上，天空刚被抹上夜的蓝黑色调，与英国人的"下午茶"概念实在格格不入；一杯卡布奇诺，此时又有"三杯两盏淡酒"的感觉，仿佛抵不住有点突兀的"晚来风急"；至于那些花花绿绿的甜蜜点心，香腻有余，夹心奶油酱漫不经心的温度，此时显得凉了一点，填不满这需要温存和暖心的时刻。

于是，散发着蛋和热黄油混合香味的可丽饼（crêpe），在朴素的纯色瓷盘中，被端上来了。它常常就是一张饼被简单地合上，呈半圆形，如同半轮淡黄色的月亮，或再叠一次，为玲珑的扇形。

它布满着细致思绪般的皱褶，静静地面对着小叉在手的人，几丝色调深浅不同的果酱、几缕淡褐色的可可酱痕迹、几处白色蕾丝般绵白糖撒成的网，或者，两三粒乖巧的咖啡豆、一对艳丽的小樱桃，都是它的最佳搭档，它恬静甚至家常的气质，赋予了它的包容和淡定，这就注定了围绕着它的所有元素，永远只能处于点缀的位置上。

　　欧洲天主教国家每年2月2日圣烛节的传统甜点，如今，每时每刻，都会让人们闻着香味找到它。

　　可丽饼的朴素半月形，使人不忍心从它的中心部位下手，而总是小心翼翼地从线条圆润的边角开始。口舌上先只沾有淡淡的甜味和奶味，口感的滑润和亲切，会使人顿生怜惜柔情；再往下吃去，夹在饼中烫嘴的果酱或巧克力酱，会缠绵在糯糯的热面饼之中，给人带来一种有力度的饱满和丰盈之感，这时，人会不由加快咀嚼速度，眉眼之间，盈溢出欲望和快感；只有当可丽饼的半个月亮剩下四分之一时，人才会放慢节奏，感慨交加之余，竭力捕捉着之前味蕾得到极其满足的快感的同时，又一次感觉到初识它时的亲切和真实、它那不加渲染与点缀的朴素。

　　可丽饼的家常和朴素，并非意味着它没有传奇。有人说它是法国布列塔尼区的特产，由于这个地区的土地不宜小麦种植，珍贵的面粉就被用牛奶调得稀稀的做饼，在中间裹上其他食材，或者仅仅用来配餐。

还有人说公元 5 世纪时，教皇为了犒劳从法国跋山涉水到罗马的朝圣者，让他们尽快恢复体力，特意吩咐御用大厨用鸡蛋、面粉和蜂蜜做成香甜可口且易消化的软薄饼，裹上高热量的坚果和水果酱，发放给筋疲力尽的教徒们。从那时起，可丽饼在法国风靡至今，成为人们的"精神和物质食粮"。

可丽饼虽然不会出现在各国大餐的甜食单中，但却是欧洲最普及的甜品之一，没有人能够在它面前无动于衷，在厨艺上略有功力的人，都热衷于寻求将之推向完美境界探索。但说到底，它还是一款朴实真切的薄蛋饼，它的魅力在于它的简单和柔软。

所有被它那半透明的浅黄色饼皮拥抱着的，无论是果酱、巧克力酱、开心果酱、坚果碎、蜂蜜、糖渍水果，无论是灌溉滋润它多久的酸甜交加的橙汁，还是使它在激情昂然中接受烈焰洗礼的拉姆酒，都会不由自主地蒙上了一层柔软的暖意，这种暖意不张扬不刻意，如同春雨的滋润，露珠的滴落。无论人嘴里曾有过多么充满亢奋和豪情的感觉，曲终人散时，余音仍然会是那有淡淡奶味的麦粉香甜。

在这位"浓妆淡抹总相宜"的可人儿面前，提拉米苏露出大而无当的软肋，马卡龙有做作中的深深自恋，蓝莓馅饼显得过于拘谨不见世面，而卡萨塔蛋糕又甜腻得夸张浮华……

Crêpe

可丽饼是一种比薄烤饼更薄的煎饼，以小麦粉制作而成。可丽饼代表了独有的法国文化，和法式面包一样普及，深受人们喜爱。基本上可分为咸、甜两种口味。

现在的布列塔尼仍保有传统的习俗和庆典，法国人把 2 月 2 日定为 " 可丽饼日 "。

　　可丽饼做得好坏，完全是每个人追求的境界问题，薄蛋饼皮自然是其中的关键，它的完美首先在于两个字：软、糯。

　　于是，人在奶香蛋香的不断浸淫中，悟出很多，比如，面糊稀稠度恰到好处的标志，是在勺子上不即不离的状态；在低温环境中醒面糊优于常温，隔天的面糊比即时的急就章更柔顺；锅里黄油过多，只会使面饼变得过于脆硬；中火高火引发出的是鸡蛋的焦香而掩盖可丽饼的优雅清香，等等。

　　冬日的灶旁，备一盏加上肉桂温过的红葡萄酒，或者像法国人一样，倒一杯清澈甘洌的苹果酒，因为，不是锅里的可丽饼诱人去食之，而是人会无休止地在那里追求它的完美。

可丽饼

原料 —— 300 克面粉，3 个鸡蛋，1 升新鲜牛奶，60 克黄油，白糖或蜂蜜量随意，一小撮盐，各色果酱、巧克力酱

手法

打散蛋，加奶，加面，加糖、盐，少量融化黄油，一起久打至不含颗粒的均匀面糊；

置冰箱内至少 30 分钟（急性子不矫情者可免）；

平底锅置小火上，黄油量以不粘锅而宜，面糊下锅，当视锅尺寸而定勺数；

待饼散发蒸汽后开始微微起细皱，翻饼，忌焦脆；

待片刻，置果酱于上，合饼，再翻，起锅；

以绵白糖、可可粉、鲜果、橙片点缀（自食者亦可免）。

食客说

　　网上关于"糖水荷包蛋"的讨论，可看作饮食文化的地域差异和时代变迁的一个案例。从地域看，北方口味偏咸，南方偏甜；从时代说，饮食传统并非一成不变，每一种饮食有其产生和存在的特定环境。生资匮乏、经济拮据的时代，能填饱肚子已属不易，遑论美食。鸡蛋是那时候少数富有营养而寻常可得的食材，同样，糖也是超出日常必须的"奢侈品"，因而"糖氽蛋"就成为饮食中的上品（更讲究或家境好的，会加入桂圆干一起烧）。苦涩的生活，需要这一份难得的甜蜜。回想起来，我与糖氽蛋也是久违了，春节去农村亲戚家拜年，已多年没有这个待遇。可不是吗？糖氽蛋的退隐，正昭示了生活水平的提升。

楼含松

　　在西方，可丽饼和糖氽蛋的命运大相径庭，它不仅从未从食谱中退隐，而且每时每刻都在"扩占领地"。但所有的人，都喜欢听它的故事：2月2日的圣烛节是春天开始的日子，这一天也是可丽饼的节日，人们一边品尝着香甜的可丽饼，一边聆听着春天的脚步。可以不夸张地说，外表朴素内涵丰富的可丽饼为春天做了最好的注脚，它和春天真的很像：在阴郁的外衣里包裹着那么多的爱意，温暖、明丽和绚丽多姿，足以温暖整个世界。

高蕾

策　　划　苏晓晓

插　　画　吕　山　陈可帆

责任编辑　章腊梅

装帧设计　吕　山　张　钟

责任校对　杨轩飞

责任出版　娄贤杰

图书在版编目（ＣＩＰ）数据

　吃东西 / 林乃炼等著 . -- 杭州：中国美术学院出
版社，2018.1 ；
　　ISBN 978-7-5503-1602-7

　Ⅰ . ①吃... Ⅱ . ①林... Ⅲ . ①饮食 - 文化 - 介绍 - 中
国 Ⅳ . ① TS971.2

中国版本图书馆 CIP 数据核字 (2018) 第 006188 号

吃东西

林乃炼　高梁　楼含松　等著

出 品 人：祝平凡

出版发行：中国美术学院出版社

地　　址：中国·杭州南山路 218 号　邮政编码：310002

网　　址：http:// www.caapress.com

经　　销：全国新华书店

印　　刷：杭州恒力通印务有限公司

版　　次：2018 年 1 月第 1 版

印　　次：2020 年 1 月第 2 次印刷

印　　张：10

开　　本：787mm×1092mm 1/16

字　　数：120 千

图　　数：138 幅

印　　数：2001-2500

书　　号：ISBN 978-7-5503-1602-7

定　　价：49.00 元

杭州市城市品牌促进会　出品